本书由广东省重点领域研发计划项目"禁毒情报协同研判
关键技术研究及应用示范"支持（项目编号：2020B1111420002）

# 洞见公安区块链

徐志刚　著

中国水利水电出版社
www.waterpub.com.cn

·北京·

## 内 容 提 要

2019 年 10 月 24 日，中共中央政治局就区块链技术发展现状和趋势进行第十八次集体学习，这是对全国各行业领域提出的方向性指引，对公安工作的区块链创新吹响了号角。区块链技术在服务民生、情报协同、侦查协作、证据固定、网络安全等多领域都与公安工作息息相关。本书设计精妙，通过小故事的形式和近百个精练的问答，为读者深入浅出地讲解区块链的核心技术与理念；深度结合公安实战，在便民服务、经侦领域、案件协作、身份认证、网络安全等方面列举十余个公安应用的经典案例，旨在帮助读者建立区块链思维，拓宽公安工作思路。

全书共分 10 章，即导论、中心化和去中心化、比特币、以太坊、区块链技术、区块链带来的改变、公安区块链思维、如何理解公安区块链、区块链的公安实战应用、公安应用案例设计。

本书可满足从事公安及政务工作、公安及政务项目研发、计算机科学研究、公安信息化建设应用的人员及相关专业的本科生、研究生、工程师和科研工作者的教学与自学需要。

**图书在版编目（CIP）数据**

洞见公安区块链/徐志刚著. —北京：中国水利
水电出版社，2021.2
ISBN 978-7-5170-9217-9

Ⅰ.①洞… Ⅱ.①徐… Ⅲ.①区块链技术—应用—公
安工作—研究 Ⅳ.①D631-39

中国版本图书馆 CIP 数据核字（2021）第 034672 号

| 书　　名 | 洞见公安区块链 DONGJIAN GONG`AN QUKUAILIAN |
| --- | --- |
| 作　　者 | 徐志刚　著 |
| 出版发行 | 中国水利水电出版社 （北京市海淀区玉渊潭南路 1 号 D 座　100038） 网址：www. waterpub. com. cn E-mail：sales@ waterpub. com. cn 电话：（010）68367658（营销中心） |
| 经　　售 | 北京科水图书销售中心（零售） 电话：（010）88383994、63202643、68545874 全国各地新华书店和相关出版物销售网点 |
| 排　　版 | 京华图文制作有限公司 |
| 印　　刷 | 三河市龙大印装有限公司 |
| 规　　格 | 170mm×240mm　16 开本　9.5 印张　175 千字 |
| 版　　次 | 2021 年 2 月第 1 版　2021 年 2 月第 1 次印刷 |
| 印　　数 | 0001—1500 册 |
| 定　　价 | 59.00 元 |

# 前　　言

对于广大公安民警来说，区块链这个词，两年前还很陌生，今天大多已比较熟悉了。

区块链技术太火了，从中央到地方，各行各业摩拳擦掌，跃跃欲试。

可是区块链到底是什么？区块链技术怎么用？区块链应用怎么建？区块链思维怎么学？尤其对于公安行业，公安区块链的独有特点决定了其较高的难度。我们不仅要学习与了解区块链技术，而且更重要的是以公安区块链思维为方法论，结合公安实战，深入透彻地了解公安区块链的本质，做到洞见公安区块链。

市面上关于区块链方面的书籍琳琅满目，却没有一本是详细阐述公安区块链的，更没有一本能深刻分析公安区块链的原则、方法、思维，并用实战案例加以演示的。

如果有一本书能让公安民警在繁忙的工作中快速学习与了解公安区块链，找到心中疑惑的答案，将是一件极有意义的事。作者整合了 12 年公安信息化建设应用和侦查破案的实战经历、24 年计算机技术基础和 5 年来对区块链的研究感受，精练了全国 20 余万人次公安培训的经验和民警关心的问题，凝聚成本书，旨在让大家可以在 24 小时内完成阅读，轻松理解区块链的内涵，解答公安区块链是什么和怎么用的问题。让没有基础的战友弄懂区块链，让有基础的战友成为公安区块链的专家。

本书整理了各地公安民警在学习区块链过程中提出的共性问题，从小故事开始，由浅入深，紧扣公安实战应用，通过 100 个问题和 20 余个实战案例，深刻剖析公安区块链。读完此书，你会发现区块链技术并不难，你会知道区块链与公安日常工作该如何结合。哪怕只是起到一点点抛砖引玉的作用，点亮读者的思维火花，就是本书作者的荣幸。

为了能让本书尽快与读者见面，作者在疫情期间每晚笔耕至丑时，书中难免有不足之处，敬请读者不吝赐教，让我们共同为公安区块链这门科学的创新发展贡献力量！

作　者

2020 年 7 月

# 作者简介

　　徐志刚，中国科学院博士后，全国公安信息化专家，湖北省公安厅科技信息化首席科技官、广东省禁毒委员会首席科学技术顾问、西藏自治区公安信息化发展特聘专家、衢州市公安局大数据智能化战略发展研究特约顾问，并担任多省市公安厅局智慧警务顾问，湖北省大数据教育联盟副理事长，湖北省中小企业大数据中心学术委员会委员，湖北工业大学公安大数据研究院院长、信息中心技术总监、教授、硕士生导师、学术带头人、PI。历任公安部处长，杭州市公安局情报中心副主任，黄石市公安局党委委员、副局长，阿里巴巴大数据培训中心负责人，之江实验室警用机器人副组长、职守机器人研究院院长等职，在公安信息化、时空大数据、区块链及警用机器人等方面有深入的研究。主持十余个公安信息化项目建设，独自设计研发了全国第一个警种情报研判系统和全国第一个积分预警模型。发表 SCI 论文多篇，申请国家专利多项，多次荣立公安部二等功、三等功及个人嘉奖，获得优秀共产党员及多项公安部荣誉称号。累计为全国公安、海关等执行部门培训二十余万人次。

# 目　　录

前言

作者简介

第1章　导论 …………………………………………………………… 1

1.1　区块链和抗击疫情 ……………………………………………… 1

1.2　区块链和公安应用 ……………………………………………… 3

　　1.2.1　公安是否该拥抱区块链 …………………………………… 3

　　1.2.2　公安如何拥抱区块链 ……………………………………… 4

1.3　区块链和公安民警 ……………………………………………… 4

1.4　引言 ……………………………………………………………… 6

第2章　中心化和去中心化 …………………………………………… 7

2.1　通过一个小故事了解中心化 …………………………………… 7

2.2　通过对比了解去中心化 ………………………………………… 10

　　2.2.1　中心化和去中心化的区别 ………………………………… 12

　　2.2.2　如何深入理解去中心化的内涵 …………………………… 14

　　2.2.3　去中心化系统设计有什么优势 …………………………… 14

　　2.2.4　去中心化存储是否为分布式存储 ………………………… 14

　　2.2.5　如何保障去中心化数据安全 ……………………………… 15

2.3　多中心化 ………………………………………………………… 16

第3章　比特币 ………………………………………………………… 18

3.1　通过一个小故事了解世界 ……………………………………… 18

　　3.1.1　用比特币如何交易 ………………………………………… 21

　　3.1.2　比特币如何发行 …………………………………………… 22

　　3.1.3　信任从何而来 ……………………………………………… 24

3.2　比特币之旅从钱包开始 ………………………………………… 25

　　3.2.1　怎样拥有比特币 …………………………………………… 25

　　3.2.2　比特币钱包是什么 ………………………………………… 25

3.3　比特币的特点 …………………………………………………… 31

　　3.3.1　比特币的优点 ……………………………………………… 31

3.3.2 比特币的缺点 ·············································· 33

3.4 比特币真实的交易体验 ········································· 36

3.4.1 是否每一笔交易都需要6区块确认 ················· 38

3.4.2 什么是比特币的找零机制 ······························ 38

3.4.3 虚拟货币交易的特点 ··································· 39

3.4.4 比特币的钱包地址 ····································· 39

3.5 挖矿：区块链时代的淘金热 ···································· 40

3.5.1 什么是挖矿 ············································· 40

3.5.2 何为算力 ··············································· 41

3.5.3 挖矿的本质 ············································· 42

3.5.4 我是否能参与挖矿赚钱 ································ 43

3.5.5 挖矿的诈骗手段 ········································ 44

3.6 公安工作与比特币 ············································· 45

3.6.1 比特币是否完全匿名 ··································· 45

3.6.2 世界是否欢迎比特币 ··································· 45

3.6.3 比特币在我国是否合法 ································ 45

3.6.4 比特币对非法活动的作用 ······························ 46

3.6.5 比特币的交易是否都与支付相关 ····················· 48

3.7 Roger Ver ···················································· 49

第4章 以太坊 ······················································· 50

4.1 什么是以太坊 ·················································· 50

4.2 以太坊的诞生 ·················································· 50

4.3 以太坊的本质 ·················································· 52

4.4 公安应用前景 ·················································· 53

4.4.1 以太坊的应用 ·········································· 53

4.4.2 以太坊的公安应用前景 ································ 55

4.5 以太坊创始人 ·················································· 55

第5章 区块链技术 ················································· 57

5.1 区块链是什么 ·················································· 57

5.2 区块的生成 ···················································· 58

5.2.1 区块的结构 ············································· 58

5.2.2 区块的生成与验证 ····································· 60

5.2.3 区块（链）形成的技术过程 ··························· 62

5.3 区块链签名加密 ················································ 63

5.3.1　何为哈希运算 ………………………………………… 63

5.3.2　何为数字签名 ………………………………………… 63

5.3.3　何为数字摘要 ………………………………………… 64

5.3.4　何为私钥和公钥 ……………………………………… 64

5.3.5　何为非对称加密 ……………………………………… 64

5.4　共识机制 ………………………………………………………… 65

5.4.1　Byzantine Failures——拜占庭将军问题 …………… 65

5.4.2　何为51%算力攻击 …………………………………… 66

5.4.3　何为共识 ………………………………………………… 67

5.4.4　共识机制带给公安工作的创新灵感 ………………… 69

5.5　区块链技术架构 ………………………………………………… 69

5.6　公安区块链晋级之路 …………………………………………… 71

5.6.1　何为默克尔树 ………………………………………… 71

5.6.2　何为轻节点和全节点 ………………………………… 73

5.6.3　何为公有链、私有链与联盟链 ……………………… 73

5.6.4　何为时间戳 …………………………………………… 73

5.6.5　何为UTXO …………………………………………… 74

5.6.6　何为Coinbase交易 …………………………………… 75

5.6.7　何为智能合约 ………………………………………… 75

5.6.8　何为分叉 ……………………………………………… 76

5.6.9　何为DApp和DAO …………………………………… 77

5.6.10　何为分片 ……………………………………………… 77

5.6.11　何为币圈 ……………………………………………… 78

5.6.12　何为法币 ……………………………………………… 78

5.6.13　何为代币 ……………………………………………… 78

5.6.14　何为ICO ……………………………………………… 78

5.6.15　何为空投 ……………………………………………… 79

5.6.16　何为糖果 ……………………………………………… 79

5.6.17　何为破发 ……………………………………………… 79

5.6.18　何为私募 ……………………………………………… 79

5.6.19　有哪些交易平台 ……………………………………… 79

5.6.20　何为跨链技术 ………………………………………… 79

5.6.21　何为KYC ……………………………………………… 79

5.7　区块链管理规定 ………………………………………………… 80

**第 6 章　区块链带来的改变** ┈┈┈┈┈┈┈┈┈┈ 83

　6.1　区块链的价值 ┈┈┈┈┈┈┈┈┈┈┈┈ 83

　6.2　区块链的趋势 ┈┈┈┈┈┈┈┈┈┈┈┈ 88

**第 7 章　公安区块链思维** ┈┈┈┈┈┈┈┈┈┈ 92

　7.1　什么是公安区块链思维 ┈┈┈┈┈┈┈┈ 93

　7.2　去中心化思维 ┈┈┈┈┈┈┈┈┈┈┈┈ 94

　7.3　激励思维 ┈┈┈┈┈┈┈┈┈┈┈┈┈┈ 97

　7.4　共赢思维 ┈┈┈┈┈┈┈┈┈┈┈┈┈┈ 99

　7.5　协同思维 ┈┈┈┈┈┈┈┈┈┈┈┈┈ 100

**第 8 章　如何理解公安区块链** ┈┈┈┈┈┈┈ 102

　8.1　核心技术，自主创新 ┈┈┈┈┈┈┈┈ 102

　8.2　提高认识，拥抱科技 ┈┈┈┈┈┈┈┈ 103

　8.3　探索应用，服务民生 ┈┈┈┈┈┈┈┈ 104

　8.4　原始创新，尊重人才 ┈┈┈┈┈┈┈┈ 104

　8.5　技术融合，协同发展 ┈┈┈┈┈┈┈┈ 105

　8.6　引导规范，有序推进 ┈┈┈┈┈┈┈┈ 106

**第 9 章　区块链的公安实战应用** ┈┈┈┈┈┈ 107

　9.1　区块链思维改进公安行业的服务水平 ┈┈ 107

　9.2　公安区块链建设应用的前提 ┈┈┈┈┈ 108

　9.3　公安区块链建设应用的原则 ┈┈┈┈┈ 109

　9.4　公安应用上链的依据 ┈┈┈┈┈┈┈┈ 110

　9.5　公安区块链建设方法和步骤 ┈┈┈┈┈ 111

　　9.5.1　需求分析 ┈┈┈┈┈┈┈┈┈┈ 111

　　9.5.2　软件设计 ┈┈┈┈┈┈┈┈┈┈ 112

　　9.5.3　系统测试 ┈┈┈┈┈┈┈┈┈┈ 113

　9.6　公安区块链的价值目标 ┈┈┈┈┈┈┈ 114

　9.7　数据上链 ┈┈┈┈┈┈┈┈┈┈┈┈┈ 114

　　9.7.1　什么是数据上链 ┈┈┈┈┈┈┈ 114

　　9.7.2　数据上链的方式 ┈┈┈┈┈┈┈ 115

　　9.7.3　数据上链的意义 ┈┈┈┈┈┈┈ 116

　9.8　区块链与大数据的关系 ┈┈┈┈┈┈┈ 117

　9.9　公安区块链的安全问题 ┈┈┈┈┈┈┈ 119

**第 10 章　公安应用案例设计** ┈┈┈┈┈┈┈ 121

　10.1　民生应用 ┈┈┈┈┈┈┈┈┈┈┈┈ 122

　　　10.1.1　可追溯特性的应用实例 ················· 122

　　　10.1.2　去信任特性的应用实例 ················· 123

　　　10.1.3　防篡改特性的应用实例 ················· 123

　　　10.1.4　智能合约的应用实例 ··················· 124

　10.2　便民服务 ····························· 125

　10.3　经侦领域 ····························· 126

　　　10.3.1　小额信贷监管 ······················· 126

　　　10.3.2　反洗钱 ··························· 127

　10.4　物联专网 ····························· 128

　　　10.4.1　警用物联专网 ······················· 128

　　　10.4.2　边缘计算 ························· 129

　　　10.4.3　系统架构 ························· 130

　　　10.4.4　数据存储 ························· 131

　　　10.4.5　价值物联网 ······················· 133

　10.5　网络安全 ····························· 133

　10.6　案件协作 ····························· 135

　　　10.6.1　情报协同 ························· 135

　　　10.6.2　战果分配 ························· 136

　10.7　抗疫防疫 ····························· 137

　　　10.7.1　万码奔腾 ························· 138

　　　10.7.2　打击谣言 ························· 138

　　　10.7.3　物资调配 ························· 139

**致谢** ································· 141

# ■ 第 *1* 章 ■

# 导　　论

## 1.1　区块链和抗击疫情

这个庚子鼠年的春节，注定永载史册。

COVID-19，新型冠状病毒，突如其来。

事隔 17 年的又一场全国范围的疫情，彻底搅乱了人们的日常生活。

17 年来，随着智能手机和移动互联的普及，人们接受新事物的能力指数级增长；人类的科学、技术、经济、医疗各方面都取得了前所未有的进展；云计算、大数据、物联网、人工智能、移动互联网（简称云大物智移）这些先进科技似乎已经神乎其神，早就可以让世界变得可控了⋯⋯

但是，当疫情这场战争来临的时候，真实情况始料不及。

此次突发公共卫生事件暴露了城市及城市群在应对重大突发事件时的脆弱性和预测、预警、预防能力的严重不足。加强以预知为主、联防联动的智慧城市建设，完善重大事件全方位多层次预案体系，变文字汇报领导拍板的社会管理为科技手段全覆盖的社会治理，大力提升城市应急处理突发能力并有效构筑长效机制，更显当务之急。从这个角度来看，不是科技手段不管用，而是在投资建设的同时更要加大力度投入科技研发，我们距离真正实现智慧城市和现代化治理还有相当长的路。

疫情发生后，在党中央的坚强领导下，全国迅速摆脱迷乱的被动状态，全力向疫情发起总攻，成效极其显著。在这个过程中，大数据、人工智能等科技手段发挥了至关重要的作用。尤其是公安信息化，以其真实、精准、实战的特性，全力支撑全国"战疫"。湖北省公安厅利用公安大数据开展了翔实的人员流动热力图分析，对每名进出武汉的人员开展动态追踪，为打赢这场战"疫"提供了关键而精准的数据。

上海市公安局的"一网统管"平台汇集了上海22家政府部门的33个系统，将大数据、云计算、物联网、人工智能等技术与社会治理深度融合，清晰监控重点地区流入上海的人员状态，实时掌控疫情发展态势，更有效地调配防疫力量。

各地市、各警种的工作更是不胜枚举。

在艰苦的战"疫"中，新技术的实战应用发挥了无法替代的作用，如用大数据追溯确认病例密切接触者、利用机器人给隔离人员送餐、测量体温等。

那么，最近大为火爆的区块链（block chain）技术是否也能发挥独特的作用，在实战面前是否能经得住考验呢？

事实上，这次疫情暴露出的一些问题，甚至是难题，恰恰是区块链技术最好的应用场景。例如：社会公信力和公信力矛盾、政务信息公示不及时、捐赠防疫物资分配混乱、社会决策中人治大于规范治理甚至法治等问题。

但我们期待的区块链技术并没有像大数据、人工智能一样迅速投入实战，而是姗姗来迟。这一方面是因为比特币等炒币市场火爆了近十年，但区块链技术却是刚刚兴起，在民生、政务等方面，更是处于探索阶段；另一方面则是因为区块链技术并不是万能的，它改变的是生产关系，技术落地的难度相对较大，大规模场景还未落地，远未形成生态化布局。

回头看，2019年10月24日下午，中共中央政治局就区块链技术发展现状和趋势进行第十八次集体学习，提出要探索"区块链+"在民生领域的运用，积极推动区块链技术在教育、就业、养老、精准脱贫、医疗健康、商品防伪、食品安全、公益、社会救助等领域的应用。

事实证明，如果区块链技术能更快更早地在民生、医疗、救助等领域落地，这次疫情中的一些混乱和悲剧也许会大幅减少。

区块链技术不能生产出口罩，但可以让我们更细致地知道捐献的口罩去了哪里。

区块链技术不能生产出药物，但可以让我们更明确地知道疫情的真实进展。

区块链技术不能生产出疫苗，但可以让我们溯源信息以更轻松快速地知道确诊患者接触过谁。

区块链技术能生产信任，而信任是公共事件中最为宝贵的定海神针。

本次疫情中暴露出的许多问题，最完美的解决方案就是"云大物智移"结合区块链技术的智慧应用。尽管区块链技术在此次战疫中发挥的作用有限、初步、迟缓，但未来在政务、民生等领域中的作用将是不可替代的。回头看，中央早就号召了"区块链+民生"的探索，如果我们能更早些投入民生应用，未雨绸缪，也许在这次突如其来的疫情中会发挥更大的作用。一项新技术，需要社会极大的关注和投入才能形成良好的生态体系。痛定思痛，我们应该积极拥抱区块链技术，努力学习区块链技术，将其全面应用于社会各领域，用区块链技术大力提升社会治理体系的现代化水平。

# 1.2  区块链和公安应用

2019 年年末，由公安部、中华全国总工会共同组织开展 2019 年"智慧公安我先行"全国公安基层技术革新专项活动，陆续迎来各省及全国的决赛。这项活动为全国的基层民警提供了最好的展示舞台和实战创新项目的推广平台，旨在以公安基层技术革新活动和奖励推荐评选为载体，以公安大数据应用为主线，面向全国公安机关各警种、各部门民警征集评选基层技术革新创新成果。

这是我第 5 年参加公安创新大赛。2015 年，我是以地市主管科信的公安局副局长的身份带队参加比赛。后来，以评委的身份在多个省参加大赛。我深刻感受到从 2015 年参赛民警面对高科技项目的懵懂，到如今每名参赛民警都是科创专家的这种巨大变化，令人欢欣鼓舞。

2019 年的大赛，我作为评委先后参加了某省以及全国的决赛。参赛项目精彩纷呈。其中，几个创新项目应用了区块链的技术，吸引了评委的目光，但最终并没有得到高分。评委们在讨论时，意见颇为一致，认为这几个项目恰恰缺乏创新点。在整个项目的功能介绍中，不用区块链完全可以实现所有功能。强行加入区块链这个名词难免给人"为了区块链而区块链"的感觉。评委们都很欣赏并鼓励这些主动创新的意识，但什么样的应用才是真正的区块链创新？公安工作该如何迎接区块链呢？

## ■ 1.2.1  公安是否该拥抱区块链

作为一门新兴的技术，区块链能在短时间内得到全国上下如此多的关注，实属罕见。由此带来诸多机遇的同时，也是对全国公安机关的新挑战。公安信息化远远领先于其他政法部门信息化的水平，也一直走在 IT 发展的前沿。这得益于公安部党委历来高度重视、公安实战需求紧迫、公安体制强制性优势、公安业务涉及百姓生活点滴等多方面原因。从公安基础设施建设到大数据汇集整合、大情报深度应用，再到智慧警务转型，公安信息化已由技术驱动转变为业务驱动、由领导推动转变为民警需求。各基层单位都在逐步向"基础工作信息化、信息工作基础化"的目标迈进。从一定程度上看，人像识别、大数据等 IT 主流技术的发展，得益于公安部门的主动作为和积极推进。各级公安机关历来重视新技术、新手段的实战应用。区块链技术也一样。

在党中央集体学习区块链技术之后，全国掀起了一轮公安区块链学习的新高潮。中央为我们指明了方向，为各地全面深入认识了解区块链技术、出台相关政策起到巨大的推动作用。

区块链在诸多民生领域都有巨大的应用前景，公安工作与民生领域更是息息相关。因此，公安工作涉及很多区块链技术落地的最佳应用场景；区块链技术势必会加强公安工作的便民性、安全性和可信度。

区块链本身不仅是技术的革命，更是生产关系等"模式"的革命，基于区块链的很多创新的本质并不是技术突破，而是思想的改变和认知的革命，可以破解许多公安工作的难题。在这方面我们的体制更有优势，应正确、客观地看待区块链，从每个人的工作出发，积极拥抱区块链创新。

### ▌1.2.2 公安如何拥抱区块链

事实上，随着区块链技术的火爆，很多地方的公安机关都在探索区块链在公安业务上的应用。从目前的实战效果来看，总给人一种"不使用区块链也完全可以实现功能、使用区块链也没有解决什么痛点"的印象。大部分应用属于"为了区块链而区块链"。

究其原因，主要是区块链技术与公安业务的结合还没有形成成熟的理论支撑、没有细化区块链在公安领域应用的原则、没有找到区块链技术能解决的痛点。区块链一定是有用的，但区块链不是万能的，也绝不是放之四海而皆准的，更不可以"区块链+一切"。那么针对公安工作呢？如何发挥区块链技术不可替代的优势而避免其缺陷呢？

区块链的去中心化、高度可信、全程可追溯等特点能够解决公安工作的一些难点。也就是说，区块链技术的公安应用有它独到的特点，要想让区块链技术在公安实战中真正落地，我们必须深入学习了解区块链技术，深入理解区块链思维。只有将区块链思维和公安业务深度融合，才能够碰撞出火花，真正解决公安工作的痛点。

# 1.3 区块链和公安民警

区块链的公安应用探索刚刚起步，一切尝试都是值得鼓励的，创新大赛中勇于使用区块链技术，是民警对新技术的敏感，是好事，是在到达彼岸的探索过程中必然经历的阶段。我曾专门找参赛民警聊天，问他们学习区块链技术的途径，他们异口同声地说是在网上看到的零散文章。

随着移动互联网的快速发展，自媒体已成为主流。每个人都可以成为媒体发布者，信息极大丰富的同时，也带来了水平不高、错误不断的现实。而这些信息大多是低质重复的，本就缺少的精品文章在信息的海洋中更难以被人发现。但是公安民警很少是计算机专业出身，基层民警工作的辛苦程度甚至难以用言语来表达，要求民警从编程的角度深入理解区块链技术更难以实现。那么如何能快速学习掌握区块链的技术原理、深入理解区块链思维的真谛、有效使用区块链技术解决公安工作的痛点呢？

把区块链技术及其公安实战应用方面的知识深入浅出地剖析并讲解出来，让每一名普通的公安民警都能够轻松地看懂、读懂，并能应用到实际的工作当中，这将是一件非常有意义的事。由此我萌生了写这本书的想法。

我一直醉心于计算机应用开发和新技术的学习研究。从进入公安部的第一天开始，我就从事禁毒信息化的建设、应用、培训、考核等工作，一干就是12年。

从警12年来，我在全国各地累计授课数百次，授课对象包括铁路、交通、户籍、林业、航运等部门在内的各警种20余万人次。印象最深的恰恰是2019年年底在某省公安厅为全厅干部所授的"区块链技术的公安实战探索"这节课。

年终岁尾，公安工作异常繁忙，授课时间几经调整，偌大的礼堂座无虚席。包括厅党委班子在内的所有参训人员，在近3小时的不间断授课时间内，无一人走动，无一人使用手机，每张聚精会神的脸上都充满了对新知识的渴求和期盼。课后，很多领导同志把我团团围住，纷纷表达受益匪浅，并提出索要课件的需求。因为每个人都想了解区块链，揭开它神秘的面纱。

区块链技术并不是每一名公安民警都要深入学习的，但每一名公安民警起码应该对区块链有所了解，知其然。在不远的将来，不懂区块链，就会像不懂大数据一样，被时代抛弃。区块链思维是每一名公安民警应该掌握和必须面对的课题。我希望摒弃复杂晦涩的技术，把复杂的原理简单化，用讲故事的形式，寓区块链思维于公安实际。让没有计算机编程基础的民警也能读得进去，并能轻松掌握区块链技术原理，弄懂区块链与公安工作的关系，形成公安区块链思维。这就是本书的目的。

# 1.4 引　言

亲爱的战友，现在，我们一起来探讨当前最为火爆的区块链话题。请随我一起进入区块链的世界吧。

近两年，区块链这三个字总会萦绕在耳边。如同前几年的大数据、"云计算"和"互联网+"一样。如今的技术发展日新月异，催促我们每个人主动或被动地不断学习新的知识。

说到区块链，我们都听说过一系列的新名词："去中心化"协作、分布式数据存储、点对点传输、共识机制、加密算法、智能合约等。

随着比特币的暴涨暴跌，挖矿、UTXO（未花费交易输出）、Token（代币）、加密数字货币、分布式账本、空气币、双花、ICO（首次币发行）这些词语经常在手机屏幕上出现。区块链，这个新生事物带着天生的神秘属性来到我们面前，已成为众多国家政府、企业和研究机构关注的热点，尤其是2019年10月24日下午，中共中央政治局集体学习区块链技术，提出："要加快推动区块链技术和产业创新发展，积极推进区块链和经济社会融合发展。"这是对全国各行业领域提出的方向性指引。

受消息刺激，海内外区块链概念股纷纷暴涨。

美国上市的迅雷一夜之间暴涨108%，一个比特币从7356美元涨至10 339.376美元。

区块链以全民瞩目的热度再次成为舆论焦点。一时间，币圈应声狂欢，"猪肉区块链""空气币"等，各种所谓的区块链创新在网上齐飞，有些政府部门也充斥着要"区块链+一切"的呼声。大家奔走相告："区块链的春天要来了。"

然而仅仅几天以后，各地公安、金融部门联手，对数字虚拟货币施以重拳，严厉打击。

人们不免要问：这让人疯狂、让世界憧憬的区块链到底是什么？区块链和数字虚拟货币是什么关系？区块链会带来哪些改变？区块链真的是放之四海而皆准，可以"区块链+一切"吗？区块链和大数据是什么关系？我们从公安工作的角度如何理解和应用区块链呢？

弄懂区块链并不是一件简单的事。

让我们一起出发吧，一起去看看小故事，实现洞见公安区块链的小目标。

# ■ 第 2 章 ■

## 中心化和去中心化

第一个小故事，和大家聊聊中心化（centralization）。

可能有的战友说了，区块链是去中心化，你怎么说中心化啊？

其实，技术的发展和社会的发展是一样的，恰恰是从无中心化到中心化，现在又有了去中心化，以后还会有多中心化的发展过程。与其说区块链是一种高深的技术，不如说区块链是一种更容易理解的思维。咱们的小目标从小故事开始。

## 2.1　通过一个小故事了解中心化

话说有一个世外桃源村，住着一群与世隔绝的村民。

村民之间的交易都是简单的物物交换。这天，张三的老婆说想吃鸡肉，要喝鸡汤补补身子。

张三说，咱家养了牛、养了羊，但我上哪儿给你弄鸡去啊。他老婆说，你去找个养鸡的商量商量吧。

张三没办法，牵了 10 头牛到大街上转悠。转了 3 天，心急如焚。突然看到李四抱着一只鸡路过，赶紧上前施礼。李四其实是一个养鸡专业户，家里几千只鸡，恰好就这只鸡病了，他抱着鸡去看病。李四看到张三的牛，口水都流出来了，心想，我要是能有一头牛该多好，100 只鸡我都愿意换。不料张三主动施礼，说："能否用我这 10 头牛换你这一只鸡？"李四一听，马上同意。张三回到家，老婆如愿以偿，吧唧吧唧嘴，慢悠悠地说："我还想再吃一只鸡。"张三当场吐血。

其实村里的人都在这样简单地交易着。这是最原始的 P2P——点对点交易，不需要任何第三方。但 10 头牛换 1 只病鸡，这样的交易没有公平、没有信任、没有便利（图 2.1）。

图 2.1  原始的无中心化交易

这一天，村里来了一个人，他的名字叫美哥。美哥找到张三说："三哥，你被人家晃点了，你那 10 头牛能换 100 只鸡了。我发明了一种东西叫钞票，你的牛值 10 000 元，而李四的鸡值 100 元。你把 10 头牛给我，我给你画一张 10 000 元的钞票，以后你拿着这张钞票就可以买 100 只鸡了。既简便又安全，再也不会被人骗了。"张三高兴得不得了。全村的人听说后，都拿着自己的东西去换钞票。这样一来，大家的交易都由美哥说了算，他记下哪笔账，哪笔账就可以兑换钞票；他不记账的交易就无法进行。也就是美哥拥有绝对的记账权。美哥每天只需要画画钞票，就变成了首富。

这就是货币的出现，张三确实不被李四骗了，等价交换出现了，但表面的公平之下，所有人与美哥都不再平等。这就是中心化的出现。

有了货币之后，大家的交易还面临一个问题，就是信任。张三不信李四，李四不信王五，王五不信张三。

这时一个聪明的小伙子来找张三，说："我知道每个人做什么买卖，而且他们都信任我。你可以不信任李四、王五，但我可以保证你的交易安全，还能让你节省时间，非常便利。当然你要给我点手续费。"张三很开心，其实，这小伙子已经在李四、王五那里如法炮制了。所以他不用去生产，靠着信息和信用担保就赚到了钱。这个小伙子姓钟，名介。

钟介的出现，使得信息更加通畅，交易更加便利了，人们通过对钟介的信任，而产生了对交易方的信任。

钟介的生意越做越大，干脆利用互联网开了个网站，全村人足不出户就可以上网购物。村民享受便利的同时，个人信息、权限、资金全部交由网站管理，渐渐地，村民发现，没有钟介，就无法获取信息、无法开展交易、无法得到信任、无法证明自己，人们寸步难行，逐渐沦为被这个中心化网站所绑架的一员。

至此，这个世界已经由原始的点对点无中心化的方式变成了中心化和有中介的模式。

无中心化和中心化有什么区别？从刚才的故事中，我们明白了中心化的由来以及它的优缺点，见表 2.1。

表 2.1　无中心化与中心化

| 对比项 | 无中心化 | 中心化 |
| --- | --- | --- |
| 数据 | 分散 | 集中 |
| 权力 | 分散 | 集中 |
| 效率 | 低 | 高 |
| 公平 | 低 | 低 |
| 安全 | 低 | 较高 |
| 扩展 | 难 | 易 |
| 升级 | 难 | 被动 |
| 信任 | 难 | 第三方 |
| 修订 | 难 | 易 |
| 成本 | 高 | 低 |

相较于松散、无序的无中心化，中心化无疑是巨大的进步。无论胖服务器还是瘦服务器，中心化的数据整合、应用分发和安全定制决定了中心化架构具有数据集中、效率高、易扩展、成本低等一系列优点。

刚才的故事中出现了两个中心化：一个是货币发行的中心化，另一个是交易信息的中心化。而交易信息的中心化同时还承担了中介的作用，即可信第三方。

相应地，就像钟介建设的网站一样，数据、应用、安全、机制等全部掌握在中心化网站手里，中心化在给人们带来一系列便利的同时，也会带来绝对的数据垄断。随之而来的是关系的不对等、信息的不对称、权利的不平等。互联网建立的初衷是为了信息互联、数据共享，大数据时代却反其道而行之，中心化使资源集中在少数寡头手里，垄断的结果就是富者越富、穷者越穷。平等、平权遥不可及。

## 2.2　通过对比了解去中心化

了解了无中心化和中心化，再看去中心化就非常简单了，如图2.2所示。

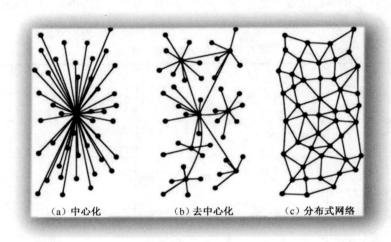

（a）中心化　　　　（b）去中心化　　　　（c）分布式网络

图2.2　中心化与去中心化

图2.2所示是讲解去中心化概念时使用的最经典的示意图。图2.2（a）就是很明确的中心化，图2.2（b）表示的是去中心化，但看上去更像是多中心化，图2.2（c）表示的是分布式网络，但看上去更像是去中心化。

事实上，图2.2很难直接表达出去中心化的核心理念。我们不去咬文嚼字地说概念，而是形象地比喻一下什么是去中心化。最简单的一句话：去中心化就是把"中心"给去掉，没有固定的中心。如果一个老师在讲台上讲课，只有老师一个人有发言权，学生只能被动地去听，这就是典型的中心化，老师就是中心。相对地，如果是学生自由讨论问题，所有人都有发言权，同时所有人都在听，把中心权威的老师去掉了，学生和老师人人平等，这就是去中心化。

那么在交易上是什么样子的呢？

下面以我们熟悉的淘宝为例，看看中心化交易（图2.3）。当我们要购物的时候，流程非常简单，就像上面的小故事一样。

第一步，挑好商品，下单，支付。此时我们支付的钱并没有直接给商家，

**1 拍下宝贝**
- 点击"立即购买"或去购物车结算，可以提交订单
- 提交订单前请填写收货地址，确认购物信息
- 请放心，此时并不会进行扣款

**2 支付货款**
- 支持网银、支付宝余额、快捷支付等等多种方式
- 资金将支付到第三方托管账户，保证资金安全
- 进入已买到的宝贝，可查淘宝宝贝的物流情况

**3 收货&评价**
- 收到宝贝，点击"确认收货"，款项才会打给卖家
- 对宝贝满意给出好评，不满意可申请退款
- 淘宝提供多项买家保障服务，为您的网购保驾护航

图 2.3　淘宝交易流程

而是把钱转给了第三方——支付宝。

第二步，支付宝收到货款后，通知商家发货。此时商家并没有收到钱，但因为信任支付宝，所以商家可以放心发货。

第三步，我们收到商品后在支付宝上确认收货。此时支付宝将钱款转给商家，交易流程结束。

其他的一切事情，包括对方是否值得信任、买家是否有足够的支付金额、卖家是否能如实提供优质的商品、交易的倒查、如何退款等一系列问题，交给支付宝就好。

支付宝和现在大多数金融系统所采用的都是典型的中心化模式，作为全国知名的第三方支付平台，支付宝（中国）网络技术有限公司不仅是整个系统的应用中心、数据中心，更是用阿里巴巴集团的声望和央行颁发的国内第一张支付业务许可证做信用背书的信用中心与担保中心。因此，消费者和商家是因为信任这个第三方，才产生的彼此信任。试想如果没有支付宝做担保，我们会把钱直接给陌生的商家吗？或者商家会把商品先发给我们吗？这就是典型的中心化应用及其所带来的优势。

而去中心化呢？

　　去中心化就是要去掉支付宝这样的交易中心，砍掉第三方。没有支付宝做背书，那么由谁来证明交易是否支付，支付的金额对不对，支付是否成功呢？既然在去中心化的系统当中人人平等，办法就是让所有人都知道这件事，也就是让所有人证明。

　　回到我们的故事中。村里的人越来越觉得不公平，大家一致认为不能由美哥自己一个人来记账，独享记账权，他能记账，我们也可以。可是张三要记账，村民说你记账你就是美哥第二，不能由你记；李四要记账，村民也不同意。这怎么办，干脆用去中心化的方式。那就是每个人都有一个记账本，每个人的记账本上都记录着全村所有的交易，这样大家可以互为证明。每个人都是平等的，代表着每个记账本必须是一模一样的。

　　这样一来，大家都觉得舒服多了，可是购物支付的流程也复杂多了。这一天，张三准备用 100 元钱购买李四的一只鸡。他需要这样操作。

　　第一步，张三挑好鸡，下单，开始支付。

　　第二步，打开自己的账本，找到一条余额大于 100 元的记录。在上面写上一条信息：转出 100 元给李四，同时签上自己的名字以示防伪。

　　第三步，把这条转账信息用大喇叭广播出去，让全村所有的人都知道张三买了李四一只鸡，给了李四 100 元。

　　第四步，全村的人听到广播信息之后，都纷纷拿出自己的记账本，在上面记上这样一笔：张三买了李四一只鸡，给了李四 100 元。

　　第五步，张三和李四一直在等待全村人记账。

　　第六步，大约过了 10 分钟，村民们都已经把这笔账记录下来了，张三和李四验证之后认为安全可信，张三抱着鸡回家了。

　　第七步，到此支付结束。

　　但是交易出了些问题，张三回家发现买到了一只病鸡，要求退货。李四说："老三啊，让村民们每个人都记上一笔就挺麻烦的了，我总不能让所有人再把这一笔都删除呀，干脆我们再执行一次交易吧。你把这只鸡再卖给我。"于是上面的流程又再走了一遍。

　　去中心化明显比中心化要复杂得多，效率低下。读者们可能产生了疑问：去中心化到底是先进了还是后退了？

## 2.2.1　中心化和去中心化的区别

　　通过刚才的故事，我们明显可以感受到，与中心化相比，去中心化有优势，但也有明显的劣势，见表 2.2。当我们把以上繁杂的流程交给计算机去处理的时候，去中心化的优势就体现出来了。我们回头看购物交易的场景，它的流程就变成了李四把钱付给张三，张三把鸡给了李四，交易完成。其他的记账、验证所有的流程计算机会帮我们来完成。这样就省去了第三方平台的参与，也防范了第三方风险，节省了人力、财力和时间。因为所有的节点都保存有交易记录，我们不用担心买卖双方的违约，信任问题迎刃而解。

表 2.2　无中心化、中心化和去中心化的区别

| 对比项 | 无中心化 | 中心化 | 去中心化 |
| --- | --- | --- | --- |
| 数据 | 分散 | 集中 | 分散 |
| 权力 | 分散 | 集中 | 分散 |
| 效率 | 低 | 高 | 低 |
| 公平 | 低 | 低 | 高 |
| 安全 | 低 | 较高 | 高 |
| 扩展 | 难 | 易 | 易 |
| 升级 | 难 | 被动 | 主动 |
| 信任 | 难 | 第三方 | 易 |
| 修订 | 难 | 易 | 难 |
| 成本 | 高 | 低 | 高 |

去中心化就是在损失部分效率的前提下实现公平。当人类文明已经发展到一定程度的时候，公平才是最让人关注的，由此所带来的优势和意义是划时代的。

（1）去中心化最大的优势就是公平。在去中心化的系统中，每个人，也就是每个节点都是平等的，每个节点都是高度自治的。任何一个节点都可以变成临时的中心，节点之间彼此可以自由连接，形成新的连接单元。某一时刻，张三可以变成中心，王五、丁六等所有人为他记账；另一时刻，王五也可以变成中心，张三、李四等所有人为他记账。在这个网络中，每个人都拥有同样的权利和义务，这是去中心化系统所有优势的基础。

（2）去中心化系统的第二大优势就是安全。在传统中心化网络系统中，中心服务器被攻击或损坏，即可导致整个网络的瘫痪。而在去中心化的网络中，没有中心节点，任何节点都是彼此相同的，任何节点的损坏或被攻击对整个网络没有任何影响。

（3）去中心化系统具有自主高效的优势。去中心化的交易没有强权的第三方介入，不需要担心信息的泄露、数据的垄断、平台的无理规则和佣金等。点对点直接交互，使得高效率、无中心化代理、大规模信息交互等模式成为现实。

去中心化是区块链技术的核心理念和非常重要的基础概念，只有深入了解去中心化的内涵，才能掌握并运用去中心化的思维。

## ■ 2.2.2 如何深入理解去中心化的内涵

去中心化的内涵可以用以下5句话来概括。

（1）去中心化，不是不要中心。

（2）完全没有中心就成了原始的无中心化。

（3）去中心化是指可以自由选择中心、自由决定中心，任何人都可以成为一个中心。

（4）任何中心都是阶段性的，不是永久的。任何中心对系统都不具有强制性。

（5）任何人或者任何节点在系统中都是完全相同和平等的。

看到这里，我希望你能够回过头来再重新读一遍这5句话。深刻理解去中心化的思维，对掌握区块链技术和区块链思维非常有帮助。

## ■ 2.2.3 去中心化系统设计有什么优势

去中心化的系统具有以下特性。

（1）高容错性：去中心化的系统运行在多个独立的节点上，没有中心服务器，不会因为中心节点故障而出现错误，容错能力更强。

（2）抗攻击性：去中心化系统中所有节点都是平等和相同的，随便一个或几个节点出现错误，对于整个系统来讲毫无影响，因此抗攻击性非常强。当然，如果51%以上的节点同时遭到攻击，这个系统就会被改写。这就是"51%攻击"，这种攻击的可能性非常小，后面有详细论述。

（3）防篡改性：在中心化系统中获取中心授权，意味着有权限任意篡改数据。而去中心化系统，每个节点既是相对独立的，又是准实时同步的，系统的数据是由大多数节点共同决定的。那么拥有任何节点的权限也仅能对本节点操作而无法更改系统的数据，相当于数据不可篡改。这样的数据就更加公开透明、更加安全可靠，用户的利益不会被任何有权力的人或节点侵害，从而得到更好的保护。同理，由于没有中央服务器可以控制，因此几乎无法关闭点对点网络，相较于随时可能被封号、断网的中心化系统，人们更有理由去信任一个去中心化的网络。

## ■ 2.2.4 去中心化存储是否为分布式存储

去中心化存储，技术上不同于分布式存储。传统的分布式存储是通过分布式存储技术将数据存储到不同的服务器中。其本质仍然是客户端/服务器（C/B）的模式。数据通常保存在服务器上，无论你在何处登录，都可以访问中心服务器的数据，服务器保存全部的数据。这就是我们现在所使用的传统模式。

去中心化存储是一种点对点的数据存储模式，在这个点对点的网络中没有中心服务器，数据也不是存储在任何一台计算机上，而是存储在网络中的所有计算机中。在点对点模型中，任意两个点都可以直接相连，每个点都有全部或部分数据，就像是一个四通八达的网络，如图 2.4 所示。

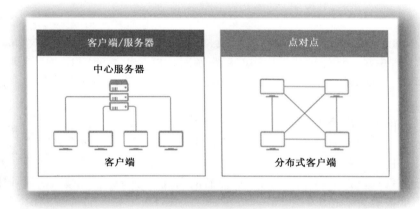

图 2.4　网络架构对比

## ■ 2.2.5　如何保障去中心化数据安全

有民警同志问我，去中心化存储就是把所有的数据在每一台计算机上都复制一遍，那么如何来保障数据安全呢？

事实上，在实际应用去中心化存储时，并不是简单地将所有数据复制多次，而是通过智能合约实现授权的机制将每一份用户的数据都进行加密、分片，并生成有多份冗余分布在全网的节点中。只有持有私钥的人才能够拿到数据，对数据进行解密和使用。虽然各台计算机都在复制数据，但数据的安全性可以用多种方式得以有效保障。

除此之外，去中心化存储可以充分发挥共享经济的优势，利用网络上每个节点闲置的硬盘空间，从而大大节约网络成本。由于网络可自主选择离用户更近、速度更快、数量更多的节点提供数据服务，去中心化网络中数据存储和读写的速度也大大提升了。

当然，因为数据的不断重复复制，点对点网络在某种程度上比客户端/服务器的模式效率低，并会产生大量冗余数据。但低效所带来的好处就是，任何一台甚至多台机器发生故障或被攻击，网络依旧能健康地运转。

任何系统，安全都是相对的，越安全，就越复杂。

更重要的是，在人人平等的网络中，个人的隐私数据再也不用担心被某一方获取，个人数据得到了安全保障。

# 2.3　多中心化

OKCoin 创始人曾说过这样一句话："去中心化"是误导，应翻译成"点对点"。理由是：任何区块链应用的规则制定者就是根本的中心。国家如果应用区块链，去的是低效、不透明的小中心，以此来更好地维护党和国家利益的大中心。

还有的人提出要用"去中介化"来替代"去中心化"。

无论用"点对点"，还是用"去中介化"，目的都是减少"去中心化"的敏感度。传统行业、政府部门、金融机构在中心化的框架下安全地运行了几十年甚至上百年，去中心化意味着颠覆原有的系统、原有的管理模式。这让很多人在心里抵触去中心化。

事实上，去中心化只是一种手段，并不是最终目标。

去中心化不是不要中心，而是中心多元化，任何人都有机会成为中心，任何中心都不是永久的，中心对每个人不具备强制作用。在实际的网络架构中，当用户达到海量时，很难做到完全的去中心化，往往都是由多个拥有中心节点的小拓扑网络所组成的平等网络。与其说是去中心化，不如说是多中心化更加准确。

如果说去中心化是系统的颠覆，多中心化则是系统的升级。我们可以把中心化系统视为集中统一管理，现在很多政府、企业、机构都在沿用中心化结构进行管理，因为权力越集中，执行效率越高，包括正确和错误的决定都可以快速传达并执行。因此这些行业很难直接采用去中心化结构，从社会稳定与良性过渡的角度来看，多中心化是最好的解决方案。事实上，当今区块链去中心化的公链技术也在向多中心化靠拢，包括以太坊和 EOS① （enterprise operating

---

①　EOS 是由 Block. one 公司开发的一款新的区块链软件系统，它的目标是将一切去中心化（decentralize everything），是市值仅次于比特币和以太坊的区域链 3.0 的代表。

system）。

　　在公安或者政府的区块链应用中，更多的是采用这种多中心化的"联盟链"结构来增加系统的效率、公平和交叉验证的准确性，用户数据在有限节点内复制共享，最大限度地保护用户隐私。同时多中心化的结构、应用成熟的技术可以保障系统正常运转，最大限度地降低技术和机制的难度。

# 第 3 章

# 比 特 币

中心化就是我们现在的生活状态，便捷、舒适的背后是对中心的高度依赖。一个人的信息、权利、安全都交给了中心。中心可以轻易决定每个人的命运，人们只能逆来顺受，听命于人。古今中外，人们都希望去中心化，追求民主，实现公平。

那么如何改变呢？

在落后的时代，靠的是武力。在现代的社会，靠的是技术。

有一个人，他叫中本聪，他一直在追求用技术改变现代的社会。

## 3.1　通过一个小故事了解世界

接下来，我们讲第二个故事，和大家聊聊比特币。

话说，我们来到了 2008 年，那一年北京奥运会红红火火，但其实世界上并不太平。

那一年，全球经济危机。很多国家、百姓都遭殃了。

但美国除外。美国政府可以无限增发货币，让全世界为它埋单。世界各国都在抱怨，因为各国都在卖资源、卖劳动力，而美国却在卖美元。

几厘钱成本的一张纸，竟然价值 100 美元。美国通过金融手段可以"薅全世界的羊毛"，一些国家十几年发展积累的财富，可能一夜之间就被美元收割，如阿根廷。美国在全世界的金融体系中享有最独特的权利——记账权。自 1894 年工业产值超过英国之后，美国永久霸占了世界第一的宝座，是全球唯一 GDP 总量超过 20 万亿美元的国家。这是中心化给集权者带来的好处。

这时候中本聪出现了。他说这样很不公平，世界应该有一种新的货币体系：钱，不是任何人发行的；货币，是不能超发的；账本，也不是一个人来记的。这样才能完全公开、公平、透明。

这就是比特币产生的原因和动机。

可是，你中本聪何德何能，敢挑战中心化的权威？现在咱们先了解一下神奇的中本聪。

中本聪是真的神奇。因为他神奇地出现，神奇地创造，神奇地消失，没有人知道他是谁。

2007 年 5 月，他开始为比特币项目编程。

2008 年 8 月，他注册了 bitcoin.org 域名，这是现在比特币项目的官方网址，如图 3.1 所示。

图 3.1　比特币官方网址

2008 年 10 月 31 日，他群发了一个电子邮件，标题为"比特币：点对点电子现金论文"。其中提到，I've been working on a new electronic cash system that's fully peer-to-peer, with no trusted third party，即我一直在研究一个新的电子现金系统，它完全是点对点的，无须任何的可信第三方，并发表了区块链最著名的论文，如图 3.2 所示。

【论文的题目】比特币：一种点对点的电子现金系统（*Bitcoin：A Peer-to-Peer Electronic Cash System*）。

【论文的作者】中本聪（Satoshi Nakamoto）。

【论文的摘要】本文提出了一种完全通过点对点技术实现的电子现金系统，它使得在线支付能够直接由一方发起并支付给另外一方，中间不需要通过任何的金融机构。虽然数字签名（digital signatures）部分解决了这个问题，但是如果仍然需要第三方的支持才能防止双重支付（double-spending），那么这种系统也就失去了存在的价值。我们在此提出一种解决方案，使现金系统在点对点的环境下运行，并防止双重支付问题。该网络通过随机散列（hashing）

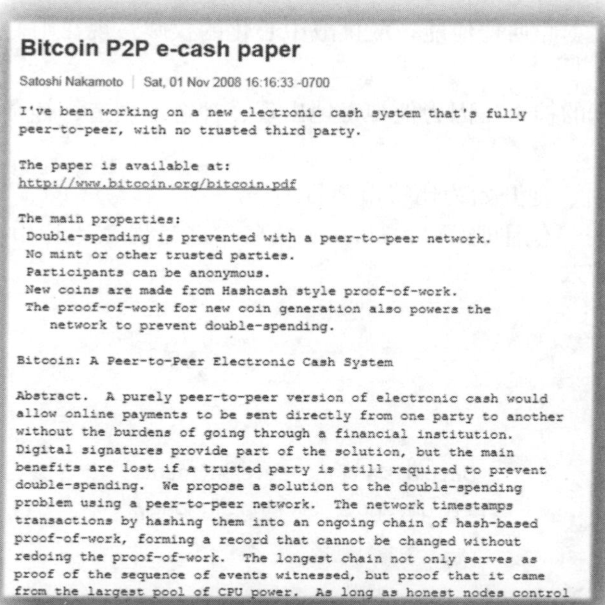

## Bitcoin P2P e-cash paper

Satoshi Nakamoto | Sat, 01 Nov 2008 16:16:33 -0700

I've been working on a new electronic cash system that's fully peer-to-peer, with no trusted third party.

The paper is available at:
http://www.bitcoin.org/bitcoin.pdf

The main properties:
 Double-spending is prevented with a peer-to-peer network.
 No mint or other trusted parties.
 Participants can be anonymous.
 New coins are made from Hashcash style proof-of-work.
 The proof-of-work for new coin generation also powers the network to prevent double-spending.

Bitcoin: A Peer-to-Peer Electronic Cash System

Abstract. A purely peer-to-peer version of electronic cash would allow online payments to be sent directly from one party to another without the burdens of going through a financial institution. Digital signatures provide part of the solution, but the main benefits are lost if a trusted party is still required to prevent double-spending. We propose a solution to the double-spending problem using a peer-to-peer network. The network timestamps transactions by hashing them into an ongoing chain of hash-based proof-of-work, forming a record that cannot be changed without redoing the proof-of-work. The longest chain not only serves as proof of the sequence of events witnessed, but proof that it came from the largest pool of CPU power. As long as honest nodes control

图 3.2 中本聪群发的邮件

对全部交易加上时间戳（timestamps），将它们合并入一个不断延伸的基于随机散列的工作量证明（proof-of-work）的链条作为交易记录，除非重新完成全部的工作量证明，形成的交易记录将不可更改。最长的链条不仅将作为被观察到的事件序列（sequence）的证明，而且被看作是来自 CPU 计算能力最大的池（pool）。只要大多数的 CPU 计算能力都没有打算合作起来对全网进行攻击，那么诚实的节点将会生成最长的、超过攻击者的链条。这个系统本身需要的基础设施非常少，信息尽最大努力在全网传播即可，节点（nodes）可以随时离开和重新加入网络，并将最长的工作量证明链条作为在该节点离线期间发生的交易的证明。

2008 年 11 月 16 日，中本聪公开了比特币系统的所有源代码。

2009 年 1 月 3 日，中本聪打包了比特币第一个区块并获得 50 枚比特币的挖矿奖励，比特币上线，这就是传说中的创世区块！

2011 年 11 月后，中本聪消失。

2014 年，针对全世界的猜测，中本聪突然出现，在网上发言否认：“我不是多利安·中本。”然后，再次消失，中本聪的轨迹如图 3.3 所示。

图 3.3　中本聪的轨迹

　　他成了一个永远匿名的传奇，没人知道他是谁，他也许是一个人，也许是一个组织。他留下了自己的创造和对世界的革新。

　　他的论文严谨，应该是一个科研工作者；他的计划周密，世界在他的掌控之中；他不仅设计了比特币系统，还快速地开发出来，并成功地运转起来。这不是一个工程师或一个科研工作者能完成的。以上两个推论相矛盾。区块链的匿名性导致我们无法知道他是谁。

　　他创造了世界上第一种不是政府发行却得到广泛认可，甚至突破了国界的货币。比特币可以点对点也就是个人对个人交易，交易中不需要任何中介参与。没有政府发行，没有政府监管，政府的作用极大弱化。引申来看，比特币创造了一个不需要政府的体制，其他货币的霸主地位将不可避免地受到比特币的挑战，甚至颠覆。

　　如此，就引出几个问题。

　　（1）交易如何进行？

　　（2）钱是谁发行的？

　　（3）信任从何而来？

## ■3.1.1　用比特币如何交易

　　张三和李四尝试了去中心化的交易，虽然复杂，但是终于自己说了算。最近他们听说流行起了一种去中心化的货币，叫比特币。和他们的思路是一样的，既公平又安全，全世界的人帮忙记账，比麻烦全村的人来作证容易多了。

两个人很信任比特币，这次的买卖决定用比特币交易，张三用 10 个比特币买李四 100 只鸡，交易共分三步。

第一步，张三登录自己的比特币钱包，类似于登录商业银行的网银；张三的比特币钱包里有多个比特币地址，钱包地址就相当于银行卡号，也就是他有多张银行卡号。有的有钱，有的没钱，有的余额不足以支付本次交易。他找到了"交易编号 13"里有一条记录，写着自己有 20 个比特币，于是决定用这一笔。

第二步，找李四要收币的钱包地址，就相当于李四的银行卡号。写入数额，10 个，然后随便写下了想支付的交易手续费，签上比特币签名，确认信息后提交给比特币网络进行全网广播，然后就等着矿工们来打包处理了。

第三步，矿工们记账确认，挨家挨户在每个人的账本上都写上一笔，在"交易编号 13"里，给张三减去 10 个比特币，给李四加上 10 个比特币。这样，每个人打开自己的账本，都能清楚地看到所有交易。张三、李四想赖账都不可能了。

和我们使用银行转账不一样的地方是，比特币转账不需要银行做中介，你可以自己选择转账手续费是多少，用来激励矿工早点打包。因为比特币为了公平，不指定人来记账。而是鼓励人人都能记账。这些记账的人就是所谓的矿工。

矿工会优先打包手续费高的交易，所以多付手续费可以更快被记账。当然也可以不给转账手续费，但可能比较晚甚至不会被矿工记账确认。矿工每隔10 分钟会将比特币网络中未被记账的交易打包进一个区块，完成一次确认，通常需要 6 次网络确认完成一笔交易。这就是比特币的转账机制。

### ■ 3.1.2 比特币如何发行

比特币是中本聪发明的，但不是中本聪发行的，中本聪就是要打破中央集权的货币发行方式，比特币不是任何人或组织发行的。中本聪设计了一整套技术框架来保证比特币的发行。

比特币的发行不受任何人的控制，而是按照程序设定自动发行的。每次有矿工对账本维护成功，系统就会自动给矿工 50 个比特币作为奖励，这样维护账本的人就有动力了。为什么是 50 个比特币呢？因为这个奖励数字会随着时间推移而变化。

这些比特币是类似于挖矿开采出来的，是凭空产生的，相当于是发行比特币。这些人在维护账本的同时，挖到了新的比特币，所以通常把维护账本的人叫矿工，矿工所做的工作就是传说中的挖矿。矿工最重要的奖励是挖币，但矿工最重要的意义是维护账本，也就是运维整个比特币系统。

这里面涉及了区块链的核心思想，换个角度再深入地理解一下：因为比特币网络最初知名度不够，没什么人进行交易，而且人们凭什么要提供计算机运行比特币程序来记账呢？计算机不用早就关机了，开机费电。

于是中本聪设计了一种激励机制，就是谁运行比特币程序参与记账，就给谁比特币作为报酬。而交易不是一笔一笔地记录的，而是每 10 分钟记录一次，把这 10 分钟内的交易一起"打包"，记录到比特币网络中，而这个打好的"包"就被说成了"区块"，那么一个"包"接着一个"包"的出现，连在一起就形成了所谓的"链"，"区块链"这个词就是这么来的。

没有奖励没人记账，有了奖励争着记账。这样就又有一个新问题：张三和李四都来记账了，给谁奖励呢？

于是中本聪又设计了一种共识机制。就是大家达成共识才能参与到比特币挖矿的游戏中，参与这个游戏，就要守规则，这个规则就是 PoW（proof of work）工作量共识（详见 5.4.3 小节）。PoW 对上面问题的解决方案就是设置一道很难的计算机题目，哪台计算机先算出正确答案，那么这 10 分钟内的交易就归谁记，奖励也归谁所有。

如此一来，谁的计算机运算能力更厉害，也就是算力更强，谁就更有机会获得记账权。而这个抢夺记账权的过程也就是"挖矿"。

10 年前没有什么人参与挖矿，也就没有什么算力竞争，随便一台计算机就能很快挖很多个比特币。而随着比特币越来越值钱，如今算力竞争已经很大了，即便专门定制挖矿的计算机，也就是矿机，都已经很难争得记账权了。

有的小伙伴可能已经有疑问了：为什么这 10 年来参与计算的人多了很多，还是需要 10 分钟才能把难题解出来？

因为中本聪为了避免比特币的超发，设定比特币程序可以自动根据全网算力来调节题目的难度，确保每 10 分钟出一次答案，也就是 10 分钟记录一"包"交易，即所谓遇强则强。因此全世界的矿机在拼命地彼此竞争，做着看似毫无意义的计算。

那么挖矿能挖出多少比特币呢？

刚才提到了创币交易，就是中本聪 2009 年自己挖出来的第一笔 50 个比特币。

系统设定每 10 分钟左右会奖励记账最快最好的人 50 个比特币，后面大约每 4 年奖励减半，比特币挖矿奖励在 2012 年从 50 个比特币减半为 25 个，2016 年从 25 个比特币减半为 12.5 个比特币，北京时间 2020 年 5 月 12 日凌晨完成了第三次区块奖励减半，矿工挖出每个区块的奖励由 12.5 个比特币减少为 6.25 个比特币。为防止无限发行货币，中本聪设定比特币总数是固定的，为 2100 万个。现在已挖出的比特币约 1800 万个，剩余可挖的只有 300 万个了。

2017 年 12 月 17 日，比特币达到历史最高价 19 850 美元。因为价格昂贵，越来越多的人参与挖矿。

根据算法设定，挖矿的人越多，挖到比特币的概率就越小。

现在矿机每天 24 小时运行，幸运的话，556 天才能挖出 1 个比特币。比特币的价格极不稳定，我们可以约 6 万元 1 个的价格来计算电费的成本。矿机的功率为 1.35 千瓦，每天的用电量是 1.35×24＝32.4（度），一年的用电量是 11 826 度，1 个比特币将消耗 18 014.4 度电。工业用电按 1 元/（千瓦·时），也就是每度电 1 元计算，仅电费成本就为 18 000 多元。这还没包括机房、运维、制冷等其他费用。（60 000−18 000)/556≈75.54（元/天）。如此算来，用户平均一天的收益在 75.54 元左右，看来还是有收益的。只不过这收益来自用能源换取炒作而来的虚拟价值，而不是创造生产力。

### ■ 3.1.3  信任从何而来

人们相信美元、人民币，是因为有国家的信用体系做背书。比特币没有可信第三方，人们为什么会相信比特币呢？

比特币的信任来源于一个事实：比特币根本不需要任何信任。

比特币是完全开源和去中心化的，这意味着：

- 任何人都可以查看整个源代码来验证系统的透明性。
- 任何人都可以查询比特币交易来验证系统的公开性。
- 任何开发人员都可以重复系统的工作原理得出比特币不受任何人控制的结论。
- 任何节点都是一样的，从而得出平等和公平的结论。

人可以不信任人、不信任天气、不信任动物，但一定会信任不受任何条件影响的程序。比特币所有的交易不依赖于第三方，整个系统由密码学算法保护，没有组织或个人可以控制比特币，所以最值得信任。

以前，两个互不信任的人要合作很难。必须依靠共同信任的第三方。转账通过银行，交易通过中介。而比特币让人类第一次实现了在没有中介的情况下双方互信转账。

下面，让我们开始比特币之旅吧。

# 3.2　比特币之旅从钱包开始

比特币是一种点对点的数字货币，以钱包的形式进行存储，选择好的存储平台非常必要。

## ■3.2.1　怎样拥有比特币

在比特币的世界里，如果你想拥有比特币，你需要申请一个比特币钱包，获取一个比特币地址。就像你到银行存款，需要开一个账号一样。当你给别人转账的时候，需要出示一个能够打开这个地址的钥匙，也就是你的私钥，就像你在 ATM（自动取款机）上取款时需要提供密码一样。私钥到哪里去找？在安装好比特币客户端后，系统会自动分配给你一个私钥和一个公钥。这个私钥是最重要的证明，千万不要丢失。如果不幸丢失或者格式化硬盘，个人的比特币将会彻底丢失。网上为此痛哭的网友屡见不鲜，丢失几十个比特币真是一大笔财富。你需要备份包含私钥的钱包数据，才能保证财产不丢失。

获得比特币的方法包括以下几种。

（1）作为商品或服务的支付方式。

（2）在比特币交易所购买比特币。

（3）和别人兑换比特币。

（4）通过挖矿赚取比特币。

## ■3.2.2　比特币钱包是什么

我们可以把钱包理解为个人的银行卡，比特币地址就是银行卡号。我们的比特币可以放在交易平台上，也可以放在自己的钱包里。比特币钱包有很多种，各有优缺点。常用的比特币钱包如图 3.4 所示。有单一币种型的钱包，也有可以存放多样币种型的钱包，如广泛应用的 imToken。

在这里以比特币官方钱包 Bitcoin Core（核心钱包）为例来介绍。

Bitcoin Core 适用于 Windows、Mac OS X、Linux 等操作系统，是最完整的、最安全的钱包，也是最早的比特币客户端。缺点是区块链数据文件体积庞大，启动较慢，每次生成新的收款地址需要备份钱包文件，否则新地址的私钥在丢失后无法恢复。

1. 核心钱包下载和使用

首先，到比特币官方网站 https：//bitcoin. org/下载钱包，注意选择 32 位

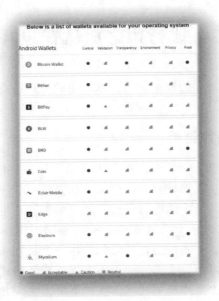

图 3.4　常用的比特币钱包

或者 64 位，如图 3.5 所示。

图 3.5　下载钱包

下载安装文件，然后运行并安装钱包。启动钱包，设置数据存储位置，如图 3.6 所示。

图 3.6　钱包同步

安装完毕就可以数据同步了，根据网络情况，同步时间可能会比较长，如图 3.7 所示。

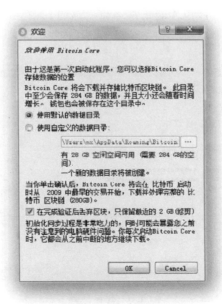

图 3.7　初始化同步

从图 3.7 中可以看出，初始化同步需要下载完整的比特币区块链，需要至少 280GB 的空间，着实吓了我一跳。笔者计算机的 C 盘只有 28GB 的空间，没能同步成功。看一下我的钱包余额，可怜的 0 比特币。一个暴富的机会擦肩而过，如图 3.8 所示。

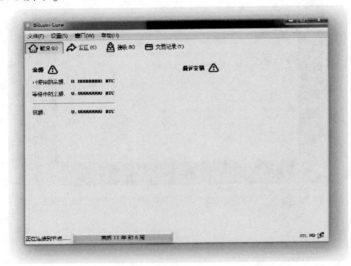

图 3.8　钱包余额

数据同步完成后，钱包才能正常运行。这时，请立即设置密码，如图 3.9 所示。

图 3.9　钱包加密

　　**警告**：遗忘密码等于丢失所有比特币。

　　当发生断电、重装计算机、误删文件等意外情况时，都有可能造成比特币丢失。为安全起见，应随时备份加密后的钱包文件 wallet. dat，尽早复制到计算机以外的其他存储设备中，如 U 盘、移动硬盘等，如图 3.10 所示。

　　**注意**：要养成习惯，每次使用比特币钱包时都将钱包文件 wallet. dat 加上日期进行备份。

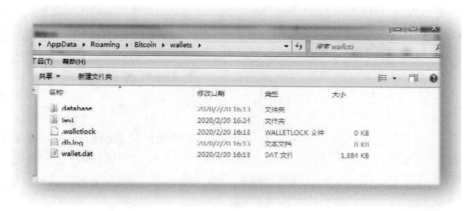

图 3.10　备份钱包文件

　　**2. 什么时候需要同步**

　　同步就是验证并下载网络上已有比特币交易数据的过程，需要有足够的带宽和空间来存储整个区块链。比特币网络上有全节点和轻节点两种，只有 Bitcoin Core 这样的全节点客户端需要同步全部数据，因此需要很长的同步时间。轻节点只需要同步部分必要的数据。同步数据可以知道所有已有的交易，通过计算得出比特币钱包的可用余额并完成新的交易。过一段时间再次启动钱包，核心钱包也需要与网络同步区块链数据，然后才可以发送和接收比特币。为了维护比特币的安全，需要有足够的用户使用全节点客户端①，因为他们起到确认和中继交易的作用。

　　**3. 如何发送和接收比特币**

　　比特币的交易是通过交易的"输入"和"输出"来进行交换的。每次支出消费就是把自己账户（已经输入到自己账户）的比特币输出到其他的账户。而接收比特币就是输入了，如图 3.11 所示。

────────────

　　①　全节点客户端下载地址为 https：//bitcoin. org/。

图 3.11　比特币转账

（1）支付比特币，在"发送"选项卡中进行操作。系统可能根据情况征收交易手续费，交易手续费一般是 0.0001 BTC（万分之一比特币），更多的手续费能让矿工争抢，以更早处理并确认你的交易。

**注意**：交易一经确认，则无法撤回！

（2）接收比特币，在"接收"选项卡中进行操作。单击"请求付款"按钮，将生成一个新的地址，别人就可以根据这个二维码向你支付比特币了，如图 3.12 所示。

图 3.12　比特币收款

# 3.3 比特币的特点

通过前面介绍的小故事，我们大致了解了比特币的流程，那么比特币具有哪些特点呢？

比特币作为新思维、新技术的产物，独有的特点非常多。这些特点并不能简单以优缺点来区分，因为换个环境有些优点也许就是缺点，而加以改进并善于利用，缺点也可以变为优点。在后面详解公安应用时，你会对此更有感触。在这里，为了让大家有更直观的理解，我们暂且以优点和缺点来介绍比特币的特点。

## ■ 3.3.1 比特币的优点

### 1. 去中心化

比特币是完全的去中心化，没有发行机构，也就不可能操纵货币，甚至无法关闭。其发行与流通是通过开源的 P2P 算法实现的。去中心化的优点，比特币都有。由于没有中心和中介机构存在，一切都通过预先设定的程序自动运行，从程序性的投入上看，不仅能降低成本，而且能提高效率。

### 2. 无法篡改

区块链这个名词的三个字中，最重要的就是这个"链"字。因为每笔交易都要链接到上一笔交易，牵一发而动全身；每笔交易都会打上时间戳无法更改；每个区块通过哈希（Hash）加密后连在一起，成为区块链。由此可以看出，意图篡改任何一条数据，上下的区块都会无法认证。因此，任何一条数据都是无法篡改的。

既然一条数据篡改不了，能不能通过篡改全网来篡改数据呢？这个在理论上是可以的。如果一个人可以攻破所有的节点，把每台计算机甚至手机里的数据都改成他有 100 个比特币，那么他就真的拥有这 100 个比特币了。事实上，篡改全网甚至都不需要篡改 100% 的节点，只要攻破 51% 的节点，就可以实现大多数节点的认证，从而篡改了数据。那么为什么人们还在说比特币非常安全呢？是因为同时攻破 51% 的节点是不可能的事情。即便篡改者付出巨大的成本，获得了超过 51% 的算力，他反而没有必要篡改数据了。因为这时他已经是实际"控股人"，篡改数据相当于攻击他自己。所以从逻辑和机制上确保了比特币的数据是无法篡改的。

### 3. 解决双花

比特币面世之前，如何创建一个无须中介或者说去中心化的数字现金一直是一个难题。因为没有中心化数据库做记录，那就避免不了一个人把一笔钱花两次的难题。这就是所谓的双重支付或双花问题（double spending）。

在现实世界中，在使用现金时，是不会发生双花问题的。因为当一个人把现金给另一个人时，他就不再拥有这张钞票了。钞票是实物，不可复制。

但虚拟世界里不一样，数字文件是可以随便复制的。支付宝里有多少钱，只是一个数字。这就要求，必须要有中介机构的参与。例如，我们通过支付宝转账时，支付宝在中心化数据库统一记账，避免双花问题，可信第三方似乎不可或缺。

因此，双花问题让人们在虚拟世界里强烈依赖中心化，甚至一度认为去中心化无法解决双花问题。这个难题直到比特币的出现才得以解决。比特币是怎么解决这个难题的呢？核心就在于这个"链"字。

中本聪使用 UTXO 机制（详见 5.6.5 小节）保证每一笔钱必须有来源，就是必须链接到上一笔交易才能使用。每一笔交易必须有输入和输出；每一笔钱的来源、去处因为连在一起，层层相扣，清晰可查，全程可追溯。从而简单地解决了数字货币的重复支付，在无须中介的情况下解决了双花问题。双花问题的解决，也直接解决了人们对比特币的信任问题，使得比特币能够被广泛地应用。

这里就提到了比特币的又一个特点。

### 4. 可追溯性

UTXO 英文全称为 unspent transaction outputs，具体的意思是未花费的交易输出，它是比特币交易生成及验证的一个核心概念。由于比特币是链式结构，在比特币世界里的每一笔转账都链接着上一笔交易，因此比特币能够追溯到每一笔交易。

同样，区块链上的所有数据和信息全程可追溯。

### 5. 身份隐匿

每个人可以有多个比特币地址，地址不需要绑定任何个人信息。在交易过程中，是比特币地址和比特币地址之间发生联系，全程匿名。当然也就免税、免监管。

### 6. 全球通用

和法定货币相比，比特币没有一个集中的发行方，而是由网络节点的计算生成，谁都有可能参与制造比特币，而且可以全世界流通。不管身处何方，你都可以在任意一台接入互联网的计算机上操作，挖掘、购买、出售或收取比特币。

7. 全程透明

虽然你不可能知道比特币地址背后对应的是谁，但任何一个比特币地址的所有交易明细都是公开透明的。如果有人公开一个比特币地址，任何人都可以查看该地址交易的细节。

8. 防通胀性

比特币总量固定，具有极强的稀缺性和良好的防通胀性。

### ■ 3.3.2　比特币的缺点

当然它也有一些显而易见的缺点。

1. 价格波动极大

越来越多的人把比特币看作是和黄金一样的金融资产，然而比特币价格的暴涨暴跌却总是让人惊掉下巴。比特币背后没有国家、没有政府、没有监管，但政策因素足以在短期内杀死比特币；作为新生事物，比特币虽然体系结构新颖，但未来预期并不明朗。很多原因，甚至是技术因素，都可以导致比特币的价格在短时间内无规律地大起大落，暴涨暴跌成了比特币与生俱来的属性。从最初的一文不值，几十个才能换取一个比萨，到 2017 年 12 月 17 日将近20 000 美元，比特币创造了整个金融史上的奇迹。当然这是比特币迄今为止最高的价格。随后，便开启了它的暴跌模式，市值蒸发了上万亿美元，导致无数投资者深套其中。由于近期新冠疫情引发的全球金融市场萎靡，以及挖矿奖励减半，比特币的价格正在发生剧烈的变化。

对照比特币 10 年来的价格走势图（图 3.13），有人跟它暴富，更多人深陷其中。

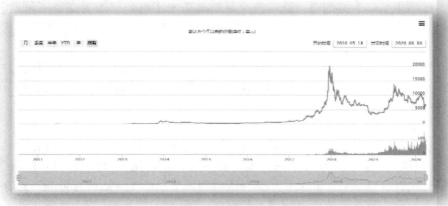

图 3.13　比特币价格走势（截至 2020 年 3 月 30 日）

## 2. 交易确认时间长

每一笔比特币的交易都要等矿工们记账确认。我们知道，比特币打一个包的时间约为 10 分钟。也就是说，我们的每一笔交易至少要等 10 分钟才能被确认。你去买一只鸡，要站在那里愣愣地等 10 分钟？这简直不可思议。然而，这还不是全部的交易确认时间。目前，人们达成共识的是 6 个区块后，也就是被 6 次打包确认后，才认定该笔交易是确认且不可修改的。因此比特币的支付交易甚至要 1 小时才能被最终确认。

1 小时意味着什么呢？因为比特币价格波动极大，1 小时内，比特币可能由每个 10 000 美元暴涨到 12 000 美元，也可能暴跌到 8000 美元。也就是说，消费者花了 1 个比特币购买 10 000 美元的商品，而商家收到货款时，不一定是多少钱。这是很难被接受的。

## 3. 技术性过强难以推广

（1）比特币出现十几年，一直是小部分人的游戏，因为推广起来困难重重。

（2）大众对比特币的原理不理解，普及起来难度极大。

（3）传统金融从业人员为了自己的饭碗拼命地抵制也是难以推广的原因。

（4）比特币交易所的权力很大，且去中心化不受监督，操纵市场的情况难以得到解决。

（5）价格波动大，交易时间长，比特币交易的汇率差存在巨大的风险。

汇率差并不是比特币独有的，那么传统银行如何解决金融的汇率差呢？因为传统货币的波动很小，而外汇买卖的价格是不同的，银行通过买卖价差来规避汇率波动的风险。但是比特币价格波动太大，难以控制风险，导致比特币很难被大规模使用。

## 4. 交易不可逆

比特币引以为傲的不可篡改在交易时却带来了麻烦。因为交易不可逆转，想退款？输入错误？出现意外？中本聪在设计之初可没考虑到这些细节。比特币交易不允许意外，任何比特币交易都是不可撤销的。

当然比特币系统具有检测功能，当你输入地址的时候，系统可以检测并提示该地址是否为无效地址。但如果你输入的错误地址恰好是一个有效地址，那么你的比特币就石沉大海了。

## 5. 后期运营成难题

比特币的总数上限将导致后期运营困难重重。差不多在 2140 年时，比特币的发行将会达到 2100 万个的上限，就不再有新的比特币出现，也就不再有挖矿奖励。在这之后，只能使用交易手续费来奖励矿工。届时有可能不再有人去记账。没人维护账本，系统将不复存在。所以说，目前比特币系统正处于从最初的不安全到安全的最好时机。若干年后，比特币系统将从安全变为不安全。

### 6. 浪费能源

挖矿无限制地浪费着电能。2017 年全球挖矿竟然花费了 300 亿度电，且这个数字还在迅速增长。2018 年挖矿耗电已突破全球用电量的 3‰。比特币系统有 500 万活跃用户，4000 万个地址（使用），1 万个全节点（记账），每年 3000 万单的交易，和支付宝比起来真是"小小巫"，但耗电量却是"大巫"。总的来看，比特币每年耗费 70 亿美元的电能维护着市值 1700 亿美元的公链安全。

如果有一天比特币有了 5 亿用户，需要多少电呢？

### 7. 存储空间无限膨胀

去中心化导致所有节点要复制全部信息。现在全球有 500 万用户，1 万个全节点，任何人的任何一次交易，所有节点都要复制一遍，不但效率低下，而且冗余存储非常多。现在比特币区块链完整数据的大小已经达到 45GB，用户如果使用比特币核心客户端进行数据同步，可能真要先等个三天三夜来完成同步。

### 8. 效率低下

我们常用的 VISA 系统每秒可处理 47 000 笔交易。

2019 年天猫双"十一"，支付宝自主研发的分布式数据库 OceanBase 每秒处理峰值达到 6100 万次。

相比较，看看比特币，每秒仅能进行 7 次交易。

如果比特币一年要实现支付宝一天的交易量，相当于 10 秒钟就要出一个区块，且不说需要多少系统资源，只看一下这个系统需要多少电？大概是全球 1/5 的电。

代表着民主的比特币过度地去中心化和民主，代表的是低效和浪费。

### 9. 容易产生洗钱等犯罪

现实世界，跨境汇款会经过层层外汇管制，交易会被多方记录在案。但如果用比特币交易，直接输入数字地址，点一下鼠标，等待 P2P 网络确认交易后，大量资金就过去了。不经过任何监管机构，也不会留下任何跨境交易记录。

因此，比特币成了毒品交易、洗钱和其他不法活动首选的工具。

### 10. 扩展性不足

比特币每个区块有 1MB 的大小限制，每 10 分钟打一包，每秒只能进行 7 次交易。扩展性差，是比特币一直被诟病并试图创新突破的。例如，一小部分开发者于 2017 年 8 月 1 日推出了比特币现金（bitcoin cash），号称是新版比特币，代码是 BCH，将区块大小提升至 8MB，而以太坊的区块大小是不固定的。

当然，比特币的设计就是故意限制扩容，为的是更好地去中心化和保证系统安全。因为随着各种创新的去中心化加密货币的出现和用户的增加，很可能会出现产生数据的速度大于网络下载同步的速度的情况，那么系统将一直处于同步的状态，人们将无法使用。

11. 交易平台脆弱

比特币交易平台很脆弱。交易平台通常是一个网站，而网站会遭到黑客攻击或者遭到主管部门的关闭。

另外，比特币系统有一个软肋，持有者一旦丢失钱包密钥，里面的比特币就再也找不回来了。

看上去，比特币这个新生事物很尴尬，缺点明显比优点多。从目前来看，比特币似乎更适用于炒作而不是交易。所以我国对比特币的政策和态度是非常科学和正确的。

既然比特币有这么多缺点，为什么我们还要努力去学习呢？这是因为比特币是区块链技术的第一个成熟产品，我们通过比特币看到了区块链技术无与伦比的优势，比特币背后的区块链技术给世界带来的变革才是我们最关心和迫切需要的。

# 3.4 比特币真实的交易体验

有网友在日本东京银座体验了比特币的扫码支付，那么体验如何呢？是不是真的等了 60 分钟才能离开呢？

这名网友在体验比特币支付之前，做好了等待 60 分钟甚至更长时间的心理准备，认为这可能是一项非常烦琐的支付方式，他试验性地购买了一只耳机，价格是 2084 日元。结算时，收银员输入 2084 日元的金额，系统自动换算成比特币并显示一个二维码，网友用手机扫码后，消费额就会从其比特币账户中扣除，大概只是一个区块确认（约 10 分钟）之后，柜台便出票了。除了时间稍久一点，手续上和支付宝一样便捷。如此之快，令网友惊叹，甚至其中还包含了 154 日元的税费（图 3.14）。

在这个网友的交易中，他支付的是比特币，商家收到的是日元，这个日元是中间结算公司支付的。所以网友扫码实际上是将比特币支付给结算公司，由结算公司承担汇率风险和交易风险，以此降低商家的风险，提升了交易体验。

买家在使用比特币扫码支付时，正常的流程是这样的：买家即支付方经过

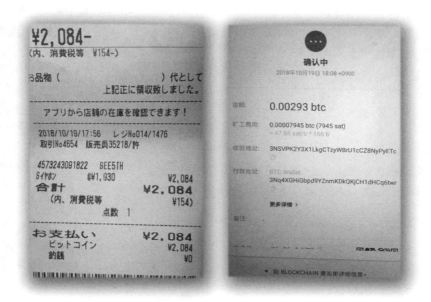

图 3.14 比特币交易单据

扫码向收款方发送数据，包含上一笔交易的哈希值，就是买家所支付的比特币的来源，即输入；买家钱包地址、公钥、私钥生成的数字签名等。收款方收到信息后进行以下相关验证。

第一步，找到上一笔交易，确认支付方的比特币输入有效。

第二步，算出支付方公钥的指纹，确认与支付方的地址一致，确保公钥属实。

第三步，用公钥去解开数字签名，确定私钥属实。

第四步，经过验证无误，认定交易可执行。

第五步，开始打包确认。

比特币平均每 10 分钟打包一个区块，6 个区块确认后不可更改，即完全确认需要 60 分钟。也就是说，比特币交易真正占用时间的是第五步打包确认的过程，前 4 步计算过程非常快。那是不是每一笔比特币交易都要等 60 分钟呢？

事实上，为了提升比特币的实际使用感受，比特币交易并未让用户等待超过 10 分钟，甚至有些支付几乎是即时的，这取决于结算公司采取的确认方式。有的结算公司采用 1 区块确认的方式，10 分钟完成支付；有的结算公司干脆采用 0 确认的方式，买家扫码支付后，付款信息即进入结算公司，结算公司采用 1 区块或 0 确认的方式快速支付给商家相应金额的法币（法定货币）。从买家和商家的角度结算就完成了。

**注意：** 这里只是完成了前 4 步，认定交易可执行，并没有确认该交易成功有效。而比特币真正的记账才刚开始。

这样一来，比特币实际支付的体验就大大提升了，买卖双方短时间内完成了交易，但结算公司还没有收到比特币却提前垫付了法币，承担了一定的风险。这些风险如何化解呢？一是他们有手续费，一般 0 确认的交易手续费都会高一些，用来应对交易风险；二是结算方在收到比特币后会立即兑换成法币，防止汇率风险。

**说明：** 确认交易，就是消费方有了支付行为后，无须等待比特币打包确认就可完成一笔支付行为的情况。

## ■ 3.4.1　是否每一笔交易都需要 6 区块确认

其实不是。之所以要多区块确认，主要是为了安全。确认的区块数越多，越难以被篡改。至于我们经常看到的 6 区块确认也不是硬性规定，只是大家认为 6 个区块确认后，很难有人能掌握如此多的算力来篡改攻击。一般来说，小于 1000 美元的比特币交易，1 个区块确认即可；1000~10 000 美元的比特币交易，一般的交易平台充值、提现会要求至少 3 个区块确认；10 000~100 000 美元的比特币交易，基本需要 6 个区块确认；大于 100 000 美元的交易，确认的区块数量越多越好。

## ■ 3.4.2　什么是比特币的找零机制

银行卡之间的交易就是将一张银行卡上的钱转移到另一张银行卡上。比特币的交易和银行卡之间的转账不同，不是简单地将一个地址的比特币转移到另一个地址，而是将比特币在一个或多个输入和输出之间转移。每个输入（IN）代表着一个比特币的接收地址和一笔交易，每个输出（OUT）是接收比特币的地址和发送到该地址的比特币数量。也就是说，比特币转账可以把一个或多个地址的比特币转出或转入。每一笔输出（OUT）都会对应一笔输入（IN）。

例如，李四要支付给张三 5 个比特币，李四打开钱包看到自己有两个地址 A 和 B。地址 A 中有 2 个比特币，地址 B 中有 4 个比特币，单独每个地址的余额都不足以支付 5 个比特币，这时李四可以发起一笔转账交易 C，同时将 A、B 两个地址共 5 个比特币转付给张三。在图 3.15 中可以看到，张三获得的 5 个比特币一笔是从交易 A 中输入的 1 个比特币，另一笔是从交易 B 中输入的 4 个比特币。

张三通过交易 C 收到了 5 个比特币。同理，他也可以分两笔转账出去：一笔为 2 个比特币，另一笔为 3 个比特币。

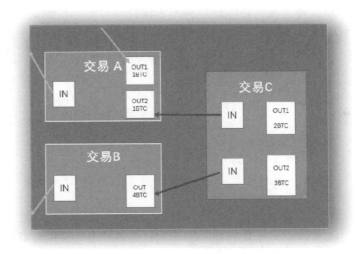

图 3.15　比特币找零示意图

你可能已经发现交易 A 中一共有 2 个比特币，其中 1 个转账给了 C，那么剩下的那枚比特币呢？

剩下的这枚比特币一般是转账给自己。例如原地址或创建新的地址。当然在转账时需要提示矿工，不然剩余的 1 个比特币就全给矿工当手续费了。这就是比特币的找零机制。

### ■ 3.4.3　虚拟货币交易的特点

虚拟货币交易具有以下特点。

（1）交易时间：7×24 小时，全年无休市。

（2）无涨跌停：股票有涨跌停限制，虚拟货币交易无涨跌停限制，比特币单日涨幅曾超过 20%。

（3）交易单位：最小可买 0.0001 个比特币（约 6 元），没有类似股票最少买一手（100 股）的买入限制。

（4）随时交易：股票是 T+1 交易，即当天买入股票，下一个交易日才能卖出。而虚拟货币是 T+0 交易，当天买入当天即可卖出。

（5）提币变现无时间限制：随时提币变现，资金流动性高。

### ■ 3.4.4　比特币的钱包地址

比特币是类似电子邮件的电子现金，交易双方需要类似电子邮箱的比特币钱包和类似电子邮件地址的比特币地址。和收发电子邮件一样，汇款方通过计算机或智能手机，按收款方地址将比特币直接付给对方。系统可以自动生成地址，比特币钱包地址类似于电子邮件的地址，是大约 33 位长的、由字母和数字构成的一串字符，总是由 1 或者 3 开头，如 1DwunA9otZZQyhkVvkLJ8DV1tuS-wMF7r3v。你可以把钱包地址想象成银行卡号。比特币地址就像银行卡号一样用来记录你在该地址上存有多少比特币。比特币地址和私钥是成对出现的，它们的关系就像银行卡号和密码。私钥可以证明你对该地址上的比特币拥有所有权。

# 3.5　挖矿：区块链时代的淘金热

现实中，几乎每一台计算机和手机都会有冗余算力。如果把这些冗余算力利用起来，为挖矿提供算力，岂不是资源的有效利用？岂不是能让每一个人坐在家里都可以挣钱？

随着 GPU 矿机和 ASIC 矿机的出现，这几年挖矿已经进化成了一个上到能源、硬件，下到托管、服务的完整产业链，甚至家庭挖矿也已变成一个分支产业。所谓"矿机一响，黄金万两"，在比特币暴涨的巨大利益驱使下，越来越多的人倾其所有投入到挖矿事业中。疯狂是有代价的，各种诈骗也随之而来，受骗的群众数量很大。这又给警察们提出了一个新的挑战。警察叔叔是真的不易，文武双全，还要实时更新知识体系。

那么挖矿到底是什么？到底能否赚到钱？为什么会让人如此疯狂呢？

## ■ 3.5.1　什么是挖矿

挖矿，事关比特币网络的健康运转。在 3.1.2 小节中，我们已经对挖矿有了初步的了解。比特币是去中心化的，也就是没有一个专门机构或任何一个工作人员去维护，那么一笔一笔真金白银的交易如何来确认呢？就像前面的故事一样，在去中心化的网络中，每个人都可以参与记账，打包确认。人们之所以奉献自己的算力，目标就是通过争夺记账权，获取丰厚的奖励。这些奖励就是比特币。比特币价格昂贵，总量封顶，像极了不可再生的矿产，努力获取这些矿产就是在挖掘有限的矿产。参与记账的人自然就是矿工。

挖矿，既产生了新的区块，又带来了比特币的发行。中本聪设计的比特币系统逻辑性极强，就像一个区块紧扣另一个区块一样，环环相扣。区块链是一个极富逻辑的链式网络，这也为区块链技术的深度应用提供了理论基础。

挖矿就是通过复杂的数学运算（具体的运算过程详见第 5 章）得出某个

结果，争夺记账权的过程。争夺记账权是一场算力的比拼。简单地理解，就是对区块头进行哈希运算，通过不断改变区块头中的 nonce 值（可以理解为随机数）来穷举。当这个哈希值小于系统给定的难度目标值时，就算挖矿成功，就能获得记账权。这个 nonce 值好不好找呢？看运气。运气好，可能第一个就是正确特解。一般情况下，难度很大。有一个形象的比喻，找到该随机数的概率相当于投出 1 亿个骰子，而骰子的数量总和小于 1 亿零 50。

挖矿的实质是解决一个数学计算，争夺记账权，进而有权力确认交易，并记录在区块链上形成新区块的过程。

## ■ 3.5.2 何为算力

看到挖矿这个词，我们眼前会浮现出一群人淘金的场景，形象生动。只不过这里的挖矿既不需要体力，也不需要脑力，只需要算力。

在算力为王的比特币世界里，简单地理解，计算机的运算速度就是算力。这个运算是特指矿机每秒钟可进行哈希运算的次数，所以单位是 H/s，即哈希/秒的意思。人们用算力来衡量矿机的计算能力。

在 2012 年年底，比特币全网的算力还不到现在一台矿机算力的 1/5。

当今比特币全网算力已经达到 114.2EH/s，就是每秒钟可以进行 $114.2×10^{18}$ 次哈希运算。这是一个什么概念呢？我们现在用的台式计算机即使拥有非常好的配置，算力也仅能达到 1000H/s。由此对比，比特币全网的算力大得惊人。通过图 3.16 可以看到全网算力[1]的增长幅度，这不免让人对比特币充满想象。

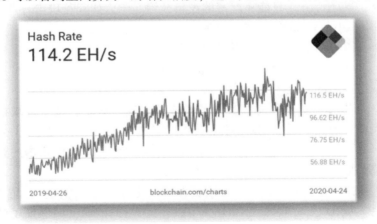

图 3.16　全网算力

---

[1]　https：//www.blockchain.com/

### 3.5.3 挖矿的本质

中本聪希望更多的人主动参与到比特币交易中，他希望更多的人主动进行系统维护，他希望通过更多的运算增加攻击难度以保障系统的安全，他希望更多的人信任比特币。所谓天下熙熙皆为利来，天下攘攘皆为利往。中本聪设计了挖矿的机制，就像是彩票开奖一样。只要你来参与比特币的记账，你就有机会中大奖。

重赏之下，必有矿工。

第一，挖矿是一种激励机制。2020 年，比特币的价格再次超过 10 000 美金，在如此丰厚的刺激之下，不但不用担心没人来记账，反而因为太多人争抢，不知道该给谁了，那就给最出色的人。如何来判断谁最出色、最努力呢？

中本聪采用了一种叫"工作量证明"（proof of work，PoW）的机制（详见 5.4.3 小节），以此来证明你确实为挖矿做了大量的工作。谁算得快，就应该把记账权给谁。如何证明你算得最快呢？类似于一个高中生说自己学得特别好，如何证明呢？用高考成绩就足够了。高中生想获得好的高考成绩需要付出大量的时间和精力，高校招生办老师不需要从高一跟到高三来证明，只需要看高考的结果，就足以证明学生的付出。这就是大量付出的简单的证明。PoW就是这种机制，给出一道极难的题目，谁得出了正确的结果，就证明谁付出的多。这种验证简单高效，足以激励人们疯狂地投入精力。

第二，挖矿是一种安全机制。比特币系统面临着一系列的安全问题，在没有专人维护的条件下，只能靠严密的逻辑杜绝漏洞，如双花攻击、拜占庭攻击（详见 5.4.1 小节）、网络攻击、51%算力攻击（详见 5.4.2 小节）、其他安全问题（详见 9.9 节）等。最有效的办法如下。

（1）提升攻击的成本，矿工们做了大量的挖矿工作，增加了难度并且提高了对网络攻击的防范。

（2）如果哪个节点作恶，其他节点将放弃这个区块，这个区块的所有计算都将浪费。因此，通过挖矿来保证节点不作恶。

（3）如果谁的算力达到甚至超过 51%，从逻辑上讲，他攻击的就不是别人的系统而是在攻击自己的系统，从而确保了系统的安全。

挖矿是比特币发行的过程，同时还保护着比特币系统的安全，防止交易欺诈，避免"双花"。看似无意义的挖矿耗费着大量的能源，但保证了整个系统的稳定安全。

第三，挖矿建立了信任机制。区块链建立了一种新的去信任的体系。在区块链中，不需要考虑信任的问题，由此会大大降低由信任带来的支出和风险。

这个信任的体系是靠共识机制确立的，你可以不信任任何人，但程序是可信的。这是用制度打造的信用，远超过传统的公信力。因此，共识即信任、代码即法律。从这个角度来看，挖矿更不是资源浪费，而是建立绝对信任的成本。

### 3.5.4　我是否能参与挖矿赚钱

先给出答案：任何人都能参与挖矿，但不是任何人都能赚到钱。

挖矿的计算很复杂，当然这些计算都是计算机去做的，所以对于我们参与者来讲，挖矿是很简单的事。你可以用自己的计算机甚至手机来参与挖矿；也可以购置一台专用的矿机。只要保证电力供应和网络畅通就可以了。

接下来，你要安装一个比特币钱包，获得一个比特币的地址，下载一个挖矿软件就可以开工了。

这里推荐使用比特币挖矿软件 GUIMiner，完全免费，支持 CPU（中央处理器）或 GPU（显示核心）挖矿，支持多个比特币服务器，支持多个矿工。简直是神器。

乐观地看，算上专用计算机的购置费用和折旧费用，每天还是能挣上几十元的。如果弄十台矿机摆在家里，不用费心，每天妥妥的几百元收入。可惜，事实并没有这么美好。随着全网算力的提升，用一台计算机或者矿机就想赚钱的美好时代已经不复存在，单打独斗往往颗粒无收。那么怎样才能和别人团结起来一起挣钱呢？

方法就是矿池。这就类似于买彩票时，自己单买，中奖的机会微乎其微，每次的 2 元投入都只能打水漂。干脆和别人一起合买彩票，这样中奖的机会就大大增加了，中了奖大家分。矿池就是这样的方法，矿工们将资源汇集在一起共享算力并根据贡献值分配奖励。

看来，找到一个好矿池很重要。到哪里去找呢？GUIMiner 可以显示有哪些流行的矿池。这里推荐 deepbit[①]，号称全球最大矿池。如果你的计算机多，可以多台计算机一起挖，多注册几个工人就行了。

这回可以躺着挣钱了吧？不好意思，还是不行。因为多台计算机运转起来时，首先就要解决散热的问题，其他如噪声等问题也相伴而来。你需要有专门的场所、专门的空调，还要使用工业电、软件升级、系统维护等，这些都是投入，随着 2020 年挖矿奖励再次减半，这个生意真不是躺着赚钱的。

原来挖矿是如此操心的事。由此催生了一种专业的矿机托管服务，把矿机托管在矿场，剩下的就什么都不用管了。

---

① 　https：//deepbit.net/

　　矿场确实是一个很好的选择，对于挖矿，解决了很多麻烦。但由此也带来了一些由矿机托管服务而产生的民事纠纷，甚至由此发生了很多诈骗案件。

### ■ 3.5.5　挖矿的诈骗手段

　　行骗，首先就是抓住了受骗者有所求的心理。利用新技术、新概念，炒作包装一翻："区块链应用场景落地，躺着也能赚大钱。"这些口号一宣传，让人心动。心动不如行动，行动遭遇黑洞。

　　已经发现的诈骗手段包括以下几种。

　　（1）矿场诈骗。广告宣传拥有超大矿场，收入有保障；位于偏远山区，水电费非常便宜；只需交钱买矿机、买服务、买水电，其他什么都不用管，挣钱很简单。其实他们连一台矿机都没有，更不用说矿场了。但他们屡屡得手，原因是宣传中的矿场为了节省水电费，一般位于偏远的地区，没有人能去实地考察。由于短时间内很难发现被骗，就给受害者带来更多损失，也给公安机关侦破案件带来很大的挑战。

　　（2）炒币诈骗。币圈充斥着诈骗分子和诈骗公司，这是大家心知肚明的。无非是早爆雷还是晚爆雷。一些不法分子浑水摸鱼，大肆宣传高科技，将区块链技术等同于虚拟货币，推出各种所谓"币""链"类科技投资项目，以此包装，实为进行传销、非法集资活动。2019 年 10 月，一款打着区块链旗号名叫"赛特"（SETL）的 APP 悄然在陕西省韩城市流行，不少市民在该 APP 上投资购买赛特币。2020 年 6 月 11 日，该平台突然关闭，导致一个县城千余人被骗，损失最惨重的一位市民被骗 200 万元。

　　上海监管部门也特别提醒广大投资者，不要将区块链技术和虚拟货币混同，虚拟货币发行融资与交易存在多重风险，包括虚假资产风险、经营失败风险、投资炒作风险等，投资者应增强防范意识，谨防上当受骗。

　　（3）矿机诈骗。随着比特币价格的飞涨，矿机火爆，一机难求。一时间，利用假矿机诈骗的案件屡有发生。

　　河南省郑州市警方通报的一起涉案金额 13.6 亿元、受害群众 7000 多人的骗局，就非常具有代表性。诈骗团伙嫌疑人高某成立了多家公司，将购买的硬盘、主板、机箱贴标拼装成所谓的"矿机"，许诺挖矿有高额回报，非法占有客户资金。

　　安徽省淮北市警方也破获了打着低价销售矿机的幌子，诈骗金额近亿元的特大诈骗案件。

　　由于区块链的热度和高科技概念，很容易吸引人们投资。而发生了相关诈骗事件后，由于不了解技术，更容易被诈骗人员利用，难以追回自己的损失。

# 3.6 公安工作与比特币

从一个公安民警的角度看，我们一不炒币，二不挖矿，除了打击因比特币而产生的洗钱犯罪，还有哪些是我们需要了解的呢？

## 3.6.1 比特币是否完全匿名

在使用比特币交易的时候，只需要也只能知道对方的钱包地址，而这个地址背后对应的所有者信息和真实身份是完全保密的。比特币的初衷就是保护个人隐私，在圈内一个比特币地址一般仅使用一次。因此，比特币的强匿名性常被不法分子利用。公安在开展比特币相关案件研判的时候，一般都是通过比特币地址开展深入的追溯工作。因为所有的比特币交易都公开且永久地存储在网络中，意味着任何人都能查看任何一个钱包地址的余额和交易记录。

## 3.6.2 世界是否欢迎比特币

虽然比特币在大部分行政辖区并没有被立法机构明确定义为非法货币，比特币的推广应用却并非一帆风顺。各个国家和地区对比特币的态度各不相同。欧洲、美洲、大洋洲等国家和地区一直对比特币持开放态度，非洲国家则基本上处于观望的态度。

现在世界上只有 8 个国家认定比特币为非法货币，分别是阿富汗、阿尔及利亚、孟加拉国、玻利维亚、巴基斯坦、马其顿、沙特阿拉伯和越南。同时还有 7 个国家将其视为受限制的商品，分别是萨摩亚、埃及、印度、摩洛哥、尼泊尔、卡塔尔和中国。

很多人把比特币看成是新兴科技的代表，美国财政部下属的金融犯罪执法网络（FinCEN）就虚拟货币的相关规定专门发布了非约束性的指导。一些国家也逐渐对比特币转变了态度，其中变化最大的是俄罗斯，已由明确的不合法变为半开放态度。有报道称，俄罗斯国家杜马金融市场委员会建议允许持有比特币，但根据俄罗斯法律，无条件使用加密货币的行为是非法的。这意味着挖矿、ICO（initial coin offering）、流通等行为是不被允许的，但只要比特币是在外汇市场上取得的就没有问题。

## 3.6.3 比特币在我国是否合法

第一，我国对比特币的态度一直非常明确。2013 年 12 月 5 日，中国人民银行、工业和信息化部、中国银行业监督管理委员会、中国证券监督管理委员会、中国保险监督管理委员会五部委联合发布《关于防范比特币风险的通知》（银发〔2013〕289号），这就是币圈著名的"《通知》"。《通知》明确了比特币的性质，认为比特币不是由货币当局发行，不具有法偿性与强制性等货币属性，并不是真正意义的货币。从性质上看，比特币是一种特定的虚拟商品，不具有与货币等同的法律地位，不能且不应作为货币在市场上流通使用。但是，比特币交易作为一种互联网上的商品买卖行为，普通民众在自担风险的前提下拥有参与的自由。

简单地说，比特币在中国不是钱，而是一种受限制的商品。

《中华人民共和国民法总则》中明确网络虚拟财产是受法律保护的，按照比特币是一种虚拟商品的定义，属于虚拟财产，应受民法保护。但目前法律法规对互联网环境中生成的比特币等虚拟货币的属性尚无明确规范。

杭州互联网法院曾对一起涉比特币网络财产侵权纠纷案件进行宣判，认定了比特币的虚拟财产地位。这是中国法院首次认可比特币的虚拟财产属性。

第二，任何 ICO 及发币行为均为违法，涉嫌金融犯罪和非法融资。ICO 就是首次币发行的意思，这是源自股票市场的首次公开发行（IPO）的概念，是区块链项目首次发行代币，募集比特币、以太坊等通用数字货币的行为。简单地讲，就是区块链企业创造了一种虚拟币，承诺以虚拟币的升值或者企业股票的收益作为回报，换取投资者的法币。用虚拟的货币换钞票，这生意一本万利，人们之所以热衷于 ICO，就是因为这样可以圈到钱，而且是很多的钱。甚至有的人一夜之间从身无分文变成了亿万富豪。

根据 2017 年 9 月 4 日由中国人民银行、中共中央网络安全和信息化委员会办公室、工业和信息化部、国家工商总局、中国银行业监督管理委员会、中国证券监督管理委员会、中国保险监督管理委员会七部委联合下发的《关于防范代币发行融资风险的公告》文件精神，中国境内所有的数字货币交易所全部暂停交易。所有 ICO 平台和比特币交易已经退出中国市场。

### ■ 3.6.4　比特币对非法活动的作用

在比特币的官网上，有这样的解释说明："比特币是货币，而货币的使用一直以来都有合法和非法的目的。在被金融犯罪利用的程度上，现金、信用卡和目前的银行系统是远远胜过比特币的。比特币能够带来支付系统的重大革新，这些革新所带来的裨益被认为是远远超过其潜在弊端的。"但这并不能掩盖比特币在违法活动中被广泛应用的事实。

说到这个问题，首先就要聊一下暗网。图 3.17 所示是经典的深网示意图，却被很多文章拿来表示暗网。这让大多数人认为，藏在冰山之下的 96% 都是暗网。事实并非如此，这 96% 是深网。深网也是互联网，是指不能被搜索引擎抓取到的内容，这些内容包括聊天、设置密码的网盘等信息。

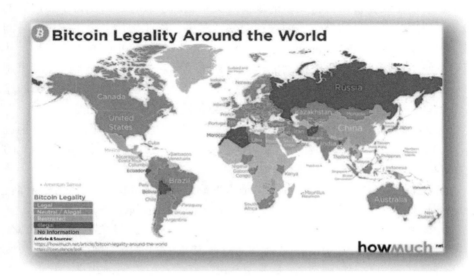

图 3.17　深网示意图

　　而暗网只是深网的一个子集，而且是很小的一个子集。暗网是由美国军方于 2003 年开始实施的一个科研项目，目前典型的暗网技术包括洋葱路由（TOR）、隐形互联网计划（invisible Internet project，I2P）、自由网（freenet）等，基本都脱胎于 20 世纪 90 年代中期美国海军研究实验室（NRL）及美国国防部高级研究计划署（DARPA）开发的洋葱路由技术思路。它利用加密传输、P2P 网络、多点中继混淆等提供匿名的互联网信息访问手段。暗网的技术门槛使得很少人能够真正深入到暗网。有数据指出浏览暗网常用的 Tor 浏览器年下载量在 5000 万，全球日活数在数 10 万。由于接触暗网的人都带有特定目的，日活数 10 万就变成了一个非常恐怖的数字。

　　近年来，不法分子利用暗网实施违法犯罪活动的情况日益增多，暗网上充斥了各种犯罪信息，枪支、毒品、贩卖人口这些信息随处可见。暗网最突出的特点就是匿名性，交易的通用货币就是比特币，大量的非法商品用比特币标价。根据 Wired 网站的数据，约 98% 的暗网交易使用比特币。

　　SSRN（社会科学研究网）收录的 *Sex，Drugs，and Bitcoin：How Much Illegal Activity Is Financed Through Cryptocurrencies?*[①]（《性、毒品和比特币：有多少非法活动是通过加密货币融资的?》）一文通过科学方法较为准确地测算

——————————

① 　https：//ssrn. com/abstract＝3102645

了非法活动使用比特币进行交易的规模。文章追踪了被查封的比特币使用者的ID，并根据公开记录找到与他们进行交易的对手，以此构建一个比特币交易网络，利用聚类法（cluster analysis）区分出合法活动交易和非法活动交易，从而估算使用比特币从事非法活动的比例。结果显示："大约有25%的比特币用户从事非法活动，50%左右的比特币交易（次数）与非法活动有关；20%的比特币交易（金额）和51%的比特币持有量与非法活动有关联。在2017年4月，大约有2400万比特币用户主要以从事非法活动为目的。这些用户平均每年进行3600万次交易，交易金额达到了720亿美元，并一共持有将近80亿美元的比特币。"

当然，这只是一份研究的数据，是否准确，难以考证。但比特币的匿名、跨域和不可撤销等特性，天然地为非法犯罪活动提供了利器。

虽然暗网具有匿名性和隐蔽性特点，但暗网并不是法外之地和避罪天堂。2019年11月14日，公安部在北京召开新闻发布会，通报全国公安机关开展"净网2019"专项行动工作情况及典型案例。其中专门提到，北京、江苏、海南公安机关网安部门侦破多起利用"暗网"实施犯罪的案件。2019年，全国共立暗网相关案件16起[①]，抓获从事涉暗网违法犯罪活动的犯罪嫌疑人25名，其中已判处有期徒刑的2名，刑事拘留23名。后面我们还将针对比特币带来的洗钱等犯罪进行专门的探讨。

比特币就像一支枪，我们不能因为罪犯使用枪支犯罪，而给枪支定义属性；我们也不能因为违法犯罪活动使用比特币，而给比特币加上罪恶的属性。但比特币确实给我们的公安工作带来了新的思考。我们可能暂时不使用比特币、不去炒币，但我们必须深入了解这一新事物。因为应对比特币带来的新型犯罪，如何研判、如何取证、如何预防，都将成为公安工作新的课题。

### 3.6.5　比特币的交易是否都与支付相关

11年的发展壮大，比特币已经形成了一个拥有超过5亿个钱包地址的区块链网络。比特币地址就像一个电子邮件地址，可以发送和接收比特币。与电子邮件地址一样，任何人都可以随意设置比特币钱包地址，每天超过30万个新地址被创建。这些地址中有的有余额，有些根本没有余额，例如我的钱包。2011年1月大于0比特币的地址仅为7万个，现大于0比特币的地址已超过2800万个，大于1比特币的地址超过80万个。比特币的交易也越发活跃，从2011年每天几百笔，到现在每天超过30万笔交易。

---

① 　https：//www.mps.gov.cn/n2253534/n2253535/c6776987/content.html

　　然而，这么多地址中只有 20% 的交易与支付等经济相关，大多数地址只是为了转移或找零而存在，3/4 的地址持有比特币的时间不到一天。例如，李四给张三的 5 个比特币，剩余的那一个需要找零从而新建了一个地址。

　　了解了比特币的这些特性，可以帮助我们更深入地透过数据交易看清地址，从而更详细、更准确地研判比特币地址，为开展背后的资金调查提供帮助。通过对不同层级的地址进行分类，可以更准确地监管或打击利用比特币从事欺诈、洗钱等非法行为。

# 3.7　Roger Ver

　　说到比特币，我们要认识这样一个人，他举一人之力，拯救了比特币，他就是比特币第一个天使投资人，也是 Bitcoin.com 的 CEO（首席执行官），30 万个比特币的持有者 Roger Ver（罗杰·维尔）。

　　Roger Ver 生于硅谷，家境富裕；初中倒卖糖果，成为小富翁；高中钻研经济学；大一时，创办公司并辍学；21 岁参选加利福尼亚州议员；随后被举报无证卖炸药，被判刑 10 个月。

　　2010 年年底，Roger Ver 在广播中听到一个新词——Bitcoin（比特币）。这引起了他的兴趣，并开始关注。

　　没多久，比特币的价格突破 1 美元，Roger Ver 开始持有比特币，并深入学习。他发现比特币的设计简直太完美了，认为比特币的未来是互联网的变革，因而全身心投入到比特币的事业中。他的存在，对于比特币的发展起到了至关重要的作用，他的财富也得到了上万倍的增长。

　　Roger Ver 是一位很传奇的人物。在区块链的世界里，传奇的人物还有很多。

# ■ 第 4 章 ■

# 以 太 坊

　　以太坊是一个兼具区块链技术和智能合约的资源平台，它的出现，不仅影响着金融领域，也影响着数据应用领域。随着可编程区块链技术的不断成熟和发展，众多开发者依托以太坊不断开发新的应用程序并投入使用。以太坊的技术和理念可以很好地应用在公安及其他政务领域。2020 年以来，围绕着科技兴警和公安大数据战略实施，立足公安科技创新"十三五"专项规划收官和"十四五"公安科技发展的重点，公安机关迫切需要可以解决基层难题的前瞻技术和关键技术。如何将以太坊技术更好地应用于公安系统成了一个新的风向和新的思考。

## 4.1　什么是以太坊

　　2013 年，维塔利克·布特林（Vitalik Buterin）受比特币启发提出了一种开源的有智能合约功能的公共区块链平台，称为以太坊（ethereum）。ether 翻译成中文就是以太，以太是古希腊哲学家亚里士多德所设想的一种物质。ethereum 并没有像其他加密货币一样，叫以太币，而是叫以太坊。原因是坊字有工作场所的意思，以太坊不仅是一种加密货币，而且是一个协作的平台。以太坊通过其专用加密货币以太币（ether，ETH）提供去中心化的以太虚拟机（ethereum virtual machine，EVM）来处理点对点合约。

## 4.2　以太坊的诞生

　　比特币开创了去中心化加密货币，融合了一整套数据库、密码学等技术。但是其无法扩展的缺点（参考 3.3.2 小节）一直制约着比特币的发展。维塔利克·布特林非常喜欢比特币技术，他一直在思考如何对比特币进行升级来支持可扩展、可编程以实现任意通用的目的。

2013 年，维塔利克·布特林提出自己的想法，与比特币的开发人员进行辩论，认为建立一套编程语言是比特币发展的关键。然而并没有人重视这个 19 岁孩子的声音。这迫使他决定亲自动手，开发一套符合自己设计理念的区块链平台。

2013 年 12 月，维塔利克·布特林就完成了《以太坊白皮书》，并在小范围内进行了分享，这下终于引起了人们的重视。一些同道中人加入研发团队，加速了以太坊的开发。

2014 年 8 月，在英国约克大学的 Gavin Wood 博士的帮助下，公布了专门为智能合约开发而设计的高级语言 Solidity。Solidity 是至今区块链技术最火热的编程语言。

2015 年 7 月 30 日，经过 18 个月的努力，以太坊创世区块诞生，第一个智能合约平台上线。

2016 年，以太币在预售中获得世界的认可，价格暴涨。以太坊吸引了无数开发者和投资者的目光。

2016 年 6 月，以太坊在最辉煌的时候遭黑客攻击（详见 5.6.8 小节），以太坊采取了硬分叉的措施，分出了 ETH 和 ETC。

2017 年 6 月，英特尔、微软等 30 多家公司成立了企业以太坊联盟。

2018 年 2 月，以太币成为市值第二高的加密货币，仅次于比特币。

以太坊的意义在于：以太坊带来了可编程的区块链，实现了智能合约，开启了区块链 2.0 时代。

比特币是区块链 1.0，实现了去中心化的思维，是运行在全球网络上的分布式账本。

以太坊是区块链 2.0。相较于加密货币，以太坊更是一个平台，一个操作系统，是运行在全球网络上的智能合约。以太坊将 1.0 的 PoW 升级到 2.0 的 PoS，将区块链的可编程性提升到了一个新的高度，可以用来创建去中心化的程序、自治组织和智能合约。

简而言之，比特币是全球账本，以太坊是全球合约。以太坊让区块链的商业应用成为可能。

2020 年，区块链世界最重要的两件大事：第一是比特币挖矿奖励减半，第二就是 ETH 2.0 的到来。

# 4.3　以太坊的本质

以太坊的本质如下。

（1）以太坊本质上就是一个区块链平台，为用户提供一个可以自行设计的协作环境和工作台。和比特币相比，以太坊具有的优势特点是：增加了智能合约、图灵完备、速度更快。

（2）以太坊本质上还是一个操作系统，可以允许用户按自己的需求编程，平台提供各种模块让用户根据自身需求来搭建应用。

（3）以太坊的本质是"区块链+智能合约"，平台上搭建的应用就是智能合约。智能合约非常智能，不仅可以执行交易，而且可以内嵌任何其他信息，由此提供几乎所有业务的合约，可应用于各个行业领域。智能合约其实并不智能，因为合约本身就是代码，类似存活在以太坊系统里的机器人，根据程序设定，只要触发了条件，就会自动执行代码。以太坊的核心就是智能合约。

（4）以太坊的本质是"区块链+以太坊虚拟机"。前面提到，比特币是全球账本，以太坊是全球合约。全球账本或者称分布式账本，本质上是数据的存储。而以太坊不仅要分布式存储数据，而且需要进行计算执行智能合约代码。区块链是点对点网络，这就要求不同节点必须执行相同的合约，并产生相同的结果。这对智能合约的运行环境提出了很高的要求，为此，以太坊构建了虚拟机。以太坊虚拟机的作用是，无论以太坊节点是什么配置、什么操作系统，只要运行以太坊客户端，就都通过以太坊虚拟机来操作、解释和运行，这样就能屏蔽每个节点的差异，实现智能合约的确定性结果。以太坊虚拟机为智能合约提供了稳定可靠的基础运行环境。

以太坊的开发语言 Solidity 可以编译为 EVM 代码，在 EVM 中运行，就像 Java 语言和 Java 虚拟机一样。Solidity 的智能合约包含的元素包括状态变量的定义、方法、函数修改器、事件、结构类型以及枚举类型等。合约可以继承于另一个合约。例如，一个简单的提取现金的智能合约示例如下：

```
//c1.sol
pragma solidity 0.4.11;
contract WithdrawalContract {
    uint256 a; //状态变量
    function WithdrawalContract ( ) { //函数
      a = 1000; //事件
    }
}
```

除了以太坊在技术层面的本质，以太币的本质就更加多样。有人一直在质疑以太币的众筹项目，甚至指出至少 10% 的以太币交易是庞氏骗局。因为看似公平的以太坊众筹，其实并不是相同的成本，而且以太币也不是完全的去中心化数字货币，由此带来的隐患值得我们注意。

# 4.4　公安应用前景

2019 年的全国公安工作会议指出，新的历史条件下，公安机关要坚持以新时代中国特色社会主义思想为指导，坚持总体国家安全观，坚持以人民为中心的发展思想，坚持稳中求进的工作总基调，坚持政治建警、改革强警、科技兴警、从严治警，履行好党和人民赋予的新时代职责使命，努力使人民群众安全感更加充实、更有保障、更可持续，为决胜全面建成小康社会、实现"两个一百年"奋斗目标和中华民族伟大复兴的中国梦创造安全稳定的政治社会环境。

从科技强警到科技兴警，从公安信息化到智慧警务，公安工作对前沿技术和科研创新的渴求程度越来越高。以太坊的平台性、可编程性和智能合约，对于公安工作特点具有极强的适应性，可以解决公安在便民、情报、侦查、管控等工作中多方面的需求。

## 4.4.1　以太坊的应用

以太坊比比特币的扩展性更好，应用的领域也更广泛。目前，基于以太坊的开发非常火爆，主要集中在社交、游戏、去中心化金融、藏品、赌博、市场交易等几大类别。根据 https://dappradar.com/ 的数据显示，仅以太坊上的 DApp 就多达数千款，但真正落地应用的全球寥寥无几。

下面介绍几个成功落地的应用。

1. KYC 身份管理链

KYC（know your customer）在反洗钱调查中是最为重要的一项。在数字时代，个人身份和隐私被不断地采集，虽然这样有诸多优势，可以节省多方宝贵的时间。但由身份盗窃带来的网络诈骗、金融犯罪和洗钱活动越来越多，美国每两秒钟就有一名身份被盗用的受害者，全球有超过 11 亿人无法证明自己的身份。个人身份管理的重要性不言而喻，KYC-Chain 就是利用以太坊技术实现对个人身份管理的共识，可以让企业或组织更加简单易用地对新用户身份开展识别管理。基于以太坊平台开发"可信看守"① 的 DApp，可实现对用户信息进行单独检查验证。这些文件存储在分布式数据库中，确保用户信息的真实性。针对在 COVID-19 疫情期间，一些银行和政府在实际操作中放松了 KYC 流程的现状，KYC-Chain 提供了便捷而安全的 KYC 服务。

### 2. 投票选举

投票选举本身就是一种共识机制，用少数服从多数的原则有效解决意见分歧，公众赋予了投票选举的法律地位。问题是在权利面前难免有人暗箱操作，投票的公平性和公开性难以有效保障，历史上一直只能依靠少数工作人员的验票和监票，难以根除虚假投票。

以太坊技术可以有效地解决这个难题。解决的方法是，在以太坊平台构建一个去中心化的投票应用 DApp，编写一个投票智能合约。合约包含初始化候选人数组的构造函数、投票方法、返回候选人收到的总票数的方法。将合约部署到以太坊区块链上运行。以太坊的去中心化应用 DApp 上线后，相当于成百上千的计算机上都在运行相同的程序，任何人无法更改，系统也不会崩塌。DApp 除了可以存储数据外，还可以调用虚拟机来执行合约代码。一次投票就可以看作一笔交易，所有的交易数据都是公开透明的，任何人都无法篡改。传统中心化系统可以不断地升级优化程序，但智能合约不能。合约一旦部署，代码即不可更改。如果要调整智能合约的参数和方法，只能重新部署，形成另一个完全不同的新合约。

区块链去中心化的投票无须任何中心化机构，不需要有人验票和监票，每个有选举权的人只能投一次票，投票人可以完全信任、放心大胆地把选票投给自己心目中的候选人。这样的投票系统公开、透明、安全，且隐私可以得到有效保护，没有人会被事后倒查、秋后算账。因此，投票选举成为以太坊最成功的应用。2018 年，非洲的塞拉利昂利用区块链系统进行总统的选举。日本的筑波科学城（Tsukuba）政府推出基于区块链技术的全民投票应用，所有社会项目的决策都由市民投票决定。

### 3. 慈善物品分发

2017 年 5 月，联合国世界粮食计划署对约旦 1 万名叙利亚难民进行了食物分发，运用以太坊的区块链技术解决在慈善物品分发中遇到的人力不足、分发不公等难题。利用以太坊区块链搭建应用程序大大减少了工作成本，能更好地根据紧急情况制定相应的策略。另外，以太坊更好地保护了受益人的个人信息，确保了食物能准确地送达到难民手中。

---

① http://kyc-chain.com/

## ■ 4.4.2　以太坊的公安应用前景

以太坊的应用是时代的召唤。但是以太坊真正成功的应用并不多，因为技术与应用场景的结合是最重要的一环。唯有结合实际的生产生活，科研技术才能真正产生价值。公安行业因为业务涉及百姓生活和社会发展的方方面面，一直是各种先进技术最好的落地应用场景。

以太坊是一个区块链平台，是大数据应用的良好载体，服务应用范围广泛。创新是引领发展的第一动力，在新的历史时期和国际大环境的复杂背景下，公安行业将面临更大更新的挑战。以太坊的出现，就是为了让用户更加简洁方便地使用区块链技术进行应用设计。以太坊创始人维塔利克·布特林说："以太坊的本质目的就是为用户创造一个一般化的区块链平台，让用户基于区块链更加容易地创造应用，避免用户为创建一个新的应用而不得不搭建一个又一个新的区块链。"区块链的应用不仅局限于加密货币，而且它还有着无限的潜力，除了给企业带来经济效益、提升民众生活水平，也能为社会治理服务。依托这个高度泛化的平台，公安机关可以根据自身需求搭建所需的应用模型，极大地满足了公安系统建设应用的需求。

随着公安信息化建设不断地深入探索，大数据资源的应用逐渐成为提升公安战斗力的重要标志之一，以太坊为区块链技术的大规模公安应用创造了条件。当然，在带来科技创新的同时，区块链的安全性也需要受到极大的重视，除了依靠技术创新和机制完善，更离不开主管部门对区块链安全问题的关注和研究，应制定相关的安全规范与使用标准，从而促进区块链技术在公安行业的健康发展。

# 4.5　以太坊创始人

前面我们已经认识了两位区块链的神级人物，这里再来认识一位大神，他是一名程序员，是一名 90 后，是以太坊的创始人。他就是维塔利克·布特林，人称 V 神。

1994 年，维塔利克·布特林出生于俄罗斯，后移居加拿大。

他，4 岁开始编程；5 岁父母离异；12 岁开发游戏给自己玩；17 岁初遇比特币，一见钟情，深入研究；同年创办世界上第一个加密货币期刊 *Bitcoin Magazine*；18 岁获得奥林匹亚资讯奖铜牌；19 岁自加拿大滑铁卢大学肄业，创建以太坊，发布《以太坊白皮书》；20 岁淘汰扎克伯格获世界科技奖、提尔奖学金，成立非营利组织以太坊基金会；22 岁被评为全球 40 岁以下的四十大杰出人物。

他说："这将是一个去中心化、绝对平等、充满效率和信任的世界。许多发展中国家的政府和金融机构无法有效地保障民众的金钱和财产，但区块链却可以帮助他们不经过权威的第三方，建构一个人人平等、透明又兼顾隐私的金融秩序。"

他开启了区块链 2.0 时代，誓言要用以太粒子穿透世界的每一个角落，将公平带给全人类，用区块链颠覆真实经济体系。

虽然在以太坊最巅峰的那一天，以太坊智能合约平台（The DAO）遭黑客攻击，被盗领了 360 万个以太币。但一个 22 岁的年轻人沉着应对，一呼百应，他改变了区块链规则，重新建立新区块。重压之下不改 V 神本色。

他的人生，因区块链而封神；区块链，因 V 神而更加精彩。

期待我们国家可以打造适宜创新的科研环境，培养出更多的、真正创新的、V 神一样的人才！

在 3.3.2 小节中，我们发现比特币的缺点加起来简直是致命的。有人可能会问，比特币存在这么多缺点，那为什么全世界都在研究区块链呢？因为 11 年来，在没有任何机构管理和运营的情况下，比特币却极为健康安全地发展壮大了。越来越多的人注意到，比特币底层的技术或者机制不仅可以在比特币中使用，也可以在更多领域应用，而且足以改变世界。这些底层的技术和机制就是这本书的主角——区块链技术。接下来，我们一起深入了解区块链的技术细节。

# 第 5 章

# 区块链技术

虽然本章才讲到区块链，但较为抽象的知识点已经在前面潜移默化地分享给大家了。本章是具体的技术解析，如果您以了解区块链为目的，可以略过本章；如果您想深入钻研，本章可以帮助您详细剖析区块链技术。

## 5.1 区块链是什么

我们再温习一下前面的故事。张三借给李四 100 元，他要让大家知道这笔账，就通过村里的广播站全网播出。全体村民听到了这个信息，经过核实，争先恐后地把这个信息记在账本上。这样一来所有村民的账本上都写着"张三借给李四 100 元"。这个流程就是一条记账信息，多条信息打包成块，盖上时间戳，根据时间顺序连成一条链，这就是区块链。它按照时间的顺序头尾相连，可回溯，不可篡改。因此概括来说，区块链是一个分布式的统一记账系统，所有信息都是公正的、透明的。

所以，区块链就是一个分布式的公共数字账本。

我们从不同的角度更深层次地理解一下区块链。

第一，从技术的角度看。区块链是一种源自比特币的底层技术。比特币和区块链是什么关系？比特币是区块链技术的第一个也可以说是目前唯一一个大获成功的应用。

换句话说，比特币是区块链，但区块链不是比特币。区块链是数据、加密、分布式等一整套技术组合。这些技术以新的结构组合在一起，形成了一种新的数据记录、存储和表达的方式。区块链技术可以创造以太坊等一系列数字加密货币，也可以用在其他行业，而比特币只是区块链技术的一种应用。

第二，从数据的角度看。区块链是一种几乎不可能被更改的分布式数据库，这里的"分布式"不仅体现为数据的分布式存储，也体现为数据的分布式记录。所有人、所有节点，共同记录、共同维护。

第三，从应用的角度看。与其说区块链是一种技术，不如说它是一种思维方式。

区块链和现在的 IT 技术之间没有显著的技术壁垒，并非都是革新性的进步。区块链技术能实现的事情，大多现有技术都能实现。相反，现在流行的很多技术，区块链是无法实现的。但从思维方式看，区块链就是一场人类思维的解放。去中心化的核心理念彻底解放了人类的固有思维——人类似乎再也不用去思考那些例如信任公平等困扰我们的事情了。

区块链技术被认为是继蒸汽机、电力、互联网之后下一代颠覆性的核心技术。如果说蒸汽机释放了人们的生产力，电力解决了人们基本的生活需求，互联网彻底改变了信息传递的方式，那么区块链作为构造信任的机制，将可能彻底改变整个人类社会价值传递的方式和生产关系。

20 年后，我们会像今天使用互联网一样使用区块链。

# 5.2　区块的生成

在和很多公安战友交流的时候，他们问得最多的是："大数据，从概念本身理解就是很大的数据，简单易懂。但是区块链太复杂了，能否也用几个字就清楚地解释呢？"大数据，当然不是很大的数据这么简单。但这样的解释确实可以让人快速直观地理解，易于接受。那么，如果用一句话来解释区块链，区块链就是连在一起的区块（block）。要深入研究区块链，首先就要弄清楚区块是什么。

## ▋5.2.1　区块的结构

交易记录需要打包保存。包就是区块，如图 5.1 所示。

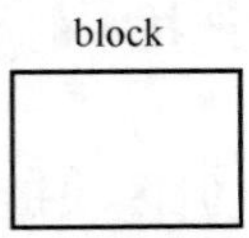

block

图 5.1　区块

随着交易的增加，越来越多的区块链接在一起，形成区块链，如图 5.2 所示。

比特币的交易记录会保存在区块中，一个区块可以理解为一个结构体。每

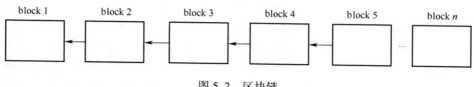

图 5.2　区块链

一个区块都是由区块头（head）和区块体（body）两部分组成的，如图 5.3
所示。

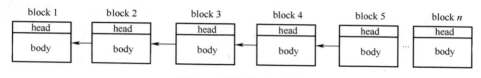

图 5.3　区块头和区块体

区块体存储了具体的交易信息，而区块头里存储了一些必要信息，如图
5.4 所示。

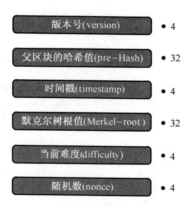

图 5.4　区块头的结构及大小

- 区块头封装了当前版本号（version），这个值一般是固定的。
- 存储了父区块的哈希值（pre-Hash）。注意，是链接到上一个区块的哈希值。
- 时间戳（timestamp），记录记账的时间点。这个时间点并不是完全精准的，想一想是为什么。详见 5.6.4 小节。
- 默克尔树根值（Merkel-root），默克尔树的哈希值。
- 当前难度（difficulty）。

● 随机数（nonce），这就是挖矿计算的主要目标。

按照区块链的设计，对区块头的数据进行两次 SHA256（$x$）的哈希运算，放入下一个区块的区块头中。这样所有的区块彼此咬合，就连在了一起。

以区块 3（block 3）为例，即 Hash（block 3）= SHA256（SHA256（block 3））。这个结果，就是区块 3 的哈希值。这个哈希值会放入区块 4 的区块头中，也就是子区块的区块头中，成为子区块区块头中重要的信息。而区块 3 的区块头中存储的就是父区块的哈希值 Hash（block 2）。这样做的好处就是当你修改任意一个交易信息的时候，与之关联的区块的哈希值都会由此改变，因此，迫使任何人无法篡改交易信息。这就是区块链技术的防篡改性。每个区块之间的指针就称为哈希指针。

### ■ 5.2.2　区块的生成与验证

把图 5.3 中的区块 3 放大，如图 5.5 所示。

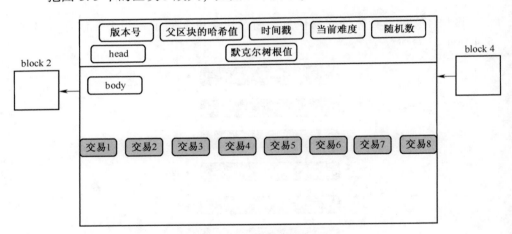

图 5.5　区块的详细内容

在图 5.5 中，区块 3 的区块体中一次性打包了 8 个交易信息。

区块头中，版本号由比特币客户端决定。一般情况下不会改变，除非比特币的核心开发人员进行版本升级，所以这个数值基本为一个静态常数。

父区块的哈希值是区块 2（block 2）的哈希值，即 pre-Hash（block 3）= Hash（block 2）= SHA256（SHA256（block 2））。这个值是由前一区块所决定的，也是不可改变的。由此，区块 3 被牢牢地链接到区块 2 上。

时间戳是这个区块打包时的时间。有了时间戳，就保证了区块链很难造假。

当前难度是一个难度目标值。由系统参考上两周产生的区块（2016 个区块）的平均生成时间自动设定，保证产生的区块的预期时间在 10 分钟左右。

随机数，顾名思义，可以随机变化，是一个 32 位的数字。这个数的可能值为 $0\sim2^{32}$。挖矿的目标就是这个数值，唯一的办法就是通过穷举找到小于目标值的 nonce 值，最快可能第 1 次就得到正确结果，最慢要试到第 $2^{32}$ 次才能得到正确的结果。所以，号称是复杂数学计算的挖矿，拼的不是智力，而是算力。随着专业矿机的不断升级，算力指数级上升，$2^{32}$ 次运算只需要 1 秒钟即可完成。在中本聪的设计中，可以附带打包人员留下的其他信息，这样一来，默克尔树根值也随之变化，哈希值也就产生了变化，从而有更多的可能去找到符合要求的 nonce 值。在中本聪的创世交易中，他在创币交易（Coinbase）中附带了这样一句话，从而永留区块链中："The Times 03/Jan/2009 Chancellor on brink of second bailout for banks（2009 年 1 月 3 日，财政大臣正处于实施第二轮银行紧急援助的边缘）。" 当时正值英国财政大臣第二次出手缓解银行危机的时刻，这句话出自当天泰晤士报头版文章标题。

最后，我们来看一下最难理解的默克尔树根值（Merkel‑root）（详见5.6.1 小节）。Merkel tree 音译为默克尔树，默克尔是美国著名的密码学家，他提出了一种分叉树，用来保证每笔交易不可篡改，并用自己的名字来命名为默克尔①树。它是如何实现的呢？

我们把图 5.5 中的区块 3 继续放大，把区块体的交易显示出来，就变为图 5.6。图 5.6 的区块体包含了 8 笔交易，每一笔交易都要使用私钥进行数字签名，数字签名后会得到一个哈希值。以交易 3 为例，对交易 3 进行哈希运算，得到的哈希值即为 Hash3，然后对 Hash3 和 Hash4 这两个值再进行哈希运算，得到 Hash34。以此类推，对 Hash34 和 Hash12 进行哈希运算，得到 Hash1234，最终得到一个哈希根值 Hash12345678。从最初的交易一直向上到哈希根值，就形成了一个树状结构，称为默克尔树；这个哈希根值，就是默克尔树根值。注意，这里的默克尔树根值不是树根值，而是树的根值。这个根值是经过多次哈希运算得到的一个哈希值，由于哈希运算的特性，就可以保证这些交易既不会重复，更无法伪造更改。在图 5.6 中可以清晰地看到，默克尔树是区块体的部分，而根值保存在区块头中，这样就保证了区块头和区块体紧密相连，无法篡改。

---

① 　https：//computerhistory. org/profile/ralph‑merkel/？alias＝bio&person＝ralph‑merkel

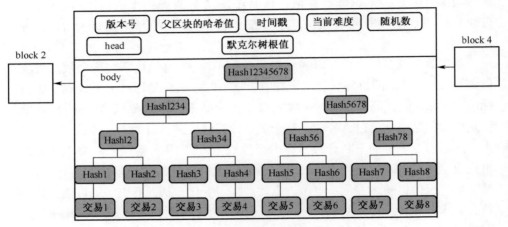

图 5.6 区块结构及默克尔树

### ■5.2.3 区块（链）形成的技术过程

区块（链）形成的技术过程就是一个交易的完整过程，从创建一笔新交易到新区块产生再到多个区块链接在一起。

- 区块始于挖矿，在构造区块时，首先打包 Coinbase 交易（详见 5.6.6 小节）。
- 在交易池中挑选优先级比较高的交易打包。
- 进而开始创建区块头，包括版本号、父区块哈希值、默克尔树根值、时间戳、难度目标值、nonce 值。
- 将最终 nonce 值填入区块头。
- 向邻近节点传播。
- 其他矿工停止对此区块的挖矿，转而开展对此区块的验证。
- 验证 PoW 的 nonce 值是否符合难度目标值。
- 检查时间戳。
- 检查默克尔树根值。
- 检查区块 size。
- 检查第一个交易——Coinbase 交易。
- 验证其余每个交易。
- 验证 UTXO 和数字签名的合法性。
- 挖到该区块的矿工获得奖励，其余矿工记录上链，继续竞争下一区块的记账权。

这个过程不断地重复，区块链就健康地成长起来。这套严密的逻辑保证了比特币在无人运营的情况下健康运行。这就是区块链的魅力所在。

# 5.3  区块链签名加密

## ▌5.3.1  何为哈希运算

哈希运算是一种密码学的加密运算，可以将任意长度的数据压缩成固定长度。假如我们想要给一段任意长度的数据进行加密，可以是数字 123，也可以是一篇小说、一幅图片，甚至是视频，也就是任意输入值，经过哈希运算后，会形成一个同样长度的输出值。这个输出值就是哈希运算的结果，称为哈希值。这种转换是一种压缩映射，从形成的输出值完全看不出原来的输入值，从而完成加密的目的。在区块链技术中，严格地讲，哈希算法不是用来加密的，而是用来验证的。

哈希算法通常有以下几个特点。

- 正向容易：原始数据可以快速计算出哈希值。
- 逆向艰难：通过哈希值基本不可能推导出原始数据。
- 输入敏感：原始数据只要有一点变动，得到的哈希值差别很大。
- 冲突避免：不同的原始数据很难得到相同的哈希值。
- 我们熟悉的 MD5 就是哈希算法中的一种，例如在使用迅雷下载视频后，用 MD5 值来验证下载文件是否完整、是否被篡改。

哈希算法主要有 MD4、MD5（输出 128 位）、SHA1、SHA2、SHA256、SHA512、SHA3 等。2004 年 8 月 17 日，在美国加州圣塔芭芭拉召开的国际密码学大会上，山东大学王小云教授首次宣布了她及她的研究小组的研究成果——对 MD5、HAVAL-128、MD4 和 RIPEMD 四个著名密码算法的破译结果。2005 年 2 月宣布破解 SHA1 密码。

## ▌5.3.2  何为数字签名

在我们的工作中，经常会用到签名。例如，找领导签批文件。数字签名类似于我们平时使用的文件签名，用在虚拟的网络上，以证明文件的真实可靠。其主要有两个作用：签名和验证。签名是文件的签发人用来证明对文件的认可，验证则是文件的接收人用来检查该文件是否被替换。可以理解为签名是加密的过程，验证是解密的过程。

### ▌5.3.3 何为数字摘要

我们处理的文件有大有小，在一个 10GB 的视频文件中加入恶意代码是很容易的事，却难以被发现。而将 10GB 的视频文件进行比对，费时费力。这时数字摘要技术就可以派上用场了。我们知道，任何数据都可以进行哈希运算，形成一个字符串，这个哈希值是很容易比对的，这就可以用来实现文件的比对鉴定。数字摘要就是把源文件进行哈希编码，得到的哈希值就是源文件的数字摘要，可以用来确保文件没有被修改或加入恶意代码、确保信息的完整性，从而形成源文件的"数字指纹"。

### ▌5.3.4 何为私钥和公钥

私钥和公钥就是指在进行非对称加密时，算法需要生成一对密钥，这一对密钥是配对的，只认彼此，唯一对应。一把钥匙只能放在自己手中，小心保管使用，称为私钥。私钥是用来签名的，同时还有解密的作用。另一把钥匙是要给别人用的，称为公钥。公钥是用来验证的，同时在加密时会用到。

### ▌5.3.5 何为非对称加密

了解非对称加密，先要了解对称加密。

在工作中，我们需要把相关人员的身份证号、手机号等信息上传至数据库。这些信息涉及个人隐私，又是关键嫌疑人员的情报，按明文上传，别人都能看得到，太危险了。这时，我们想了一个办法，自定义一个加密方式：所有的数字进行一次"加上 5"的运算。这下系统中显示出来的就都不是真实的数字了。我们加密的目的达到了。为了研判，我们需要让侦查员张警官和李警官等查看数据，因此，我们只需要告诉他们：所有的数字"减去 5"就可以解密。在这个过程中，"加上 5"就成了加密密钥，"减去 5"就是解密密钥。这种加密和解密使用相同密钥的加密算法就是对称加密。当然，我们可以把密钥做得足够复杂，但因为加密解密都需要这个唯一的密钥，密钥再复杂，也还是要主动告知局里的其他 50 个民警甚至外单位的工作人员。只要拥有密钥，这个加密就不再是秘密。信息的安全取决于密钥的安全，在这种情况下，这种加密方式就不适合密级较高的信息加密了。

那么局里的 50 个民警，如果每人都有不同的密钥，岂不就更安全了？非对称加密算法就是这个思路。非对称加密算法为每个用户配置一对密钥：一个公钥，一个私钥。公钥对数据进行加密，只有配对的私钥才能完成解密。我想把信息发给张警官，只需要按张警官的公钥进行加密，这个信息就只有张警官用自己配对的私钥才能打开。想要把信息发给李警官，就按李警官的公钥进行加密，这个信息就只有李警官用自己配对的私钥才能打开……这样就安全了，只要私钥不丢，一切尽在掌握。

比特币钱包所使用的就是这种加密技术。使用私钥签名，使用公钥验证签名，可以有效地防止信息被篡改，具有校验文件完整性、验证数字签名、鉴权智能合约等功能。

感兴趣的朋友可以阅读漫画 What is a Digital Signature[①]？以便更深入地理解加密和数字签名技术。

# 5.4　共　识　机　制

## 5.4.1　Byzantine Failures——拜占庭将军问题

很多朋友问我为什么学习区块链都要介绍拜占庭将军问题，区块链和拜占庭有什么关系？

拜占庭就是现在土耳其的城市伊斯坦布尔。公元前 202 年第二次布匿战争以后，罗马人将拜占庭并入罗马帝国，这里成为东罗马帝国的首都，改名为君士坦丁堡，其实这里的国民并非罗马人。今天的人们经常把东罗马帝国称为拜占庭帝国，是欧洲历史上最悠久的君主制国家。

然而，区块链和拜占庭毫无关系，拜占庭将军问题只是取了一个拜占庭的名字，是由计算机科学家莱斯利·兰伯特（Leslie Lamport）于 1982 年提出的有关网络通信一致性的问题。

很久以前，罗马帝国国土辽阔，各地驻军非常分散，每个驻地的将军（节点）很头疼的一个问题就是如何形成整体作战方案，到底是进攻还是防守呢？也就是各地驻军如何达成一致的共识？由于将军与将军之间只能靠信使（信道）来传递作战信息（区块），这些信使就成为关键的一环。一来信使在报信的过程中有可能被杀，二来他们也有可能叛变，甚至个别将军都可能叛变。如此，消息很难正常地传递开，并形成统一的作战方案（区块链）。在这个没有安全保障（信任）的条件下，人人自危，处处防备，不知道到底该怎么办。这个难题的名字就是拜占庭将军问题。

每个将军就相当于 P2P 网络中的一个节点。点对点的网络架构是去中心

---

① 　http：//www. youdzone. com/signature. html。

化的，没有领导发号施令，人人都有发言权，这就是一个不可靠信道。在这种各自为政的网络中，如何保证信息传递的一致性是一个难题。这就与区块链技术息息相关了，在区块链中，没有共同信任的中央节点、没有绝对可靠的网络环境，分散于网络中的各平等节点如何达成共识呢？

历经无数次试验，人们发现，在点对点的网络中，让每一个节点都不出错的完美解决方案是不存在的。过于追求完全正确，只能寸步难行。这个问题一直没有很好的解决办法，直到中本聪提出比特币。

中本聪的思路是，容错，并增加犯错成本，迫使将军不犯错、不怕犯错。

第一，容错，就是允许信息错误的存在，只要 2/3 以上数量的将军得到正确信息，即便有少部分叛变、错误的将军存在，整个系统也可以达成一致。拜占庭容错算法就是假设系统中的任何节点都是不可靠的，当一个节点收到信息后，不立即判断正确与否，而是把收到的信息连同自己得到的信息一起发给下一个节点。这样，各节点之间的信息就是透明的，每个将军都能看到其他将军的信息。由于系统中正确的节点占多数，将得到正确的最终结果。

第二，增加犯错成本，就是利用共识机制来保证系统的健康与正确，维护系统的信任与安全。举例理解：如果作战信息（区块）只是一句口信这么简单，那么一个将军犯错的难度几乎为 0，在只需要说一句话（这句话就是要传递的情报，可以理解为一个区块）就可以犯错的前提下，犯错的成本极低。那么就大大增加犯错的成本，作战信息（区块）不仅是一句口信这么简单，将军们（节点）要达成一种共识（PoW 共识机制），通过算力比拼、努力挖矿，第一个计算出结果的将军才能生成作战信息（区块）。这样一来，如果你要做叛徒，达到攻击整个作战方案（区块链）的目标，就得让至少 51% 的将军都跟着你一起叛变（51% 攻击），这个难度太大了，成本也太高了。更为精妙的是，如果你真的掌握了 51% 以上的将军，你就是这支军队的主人，拜占庭帝国都是你的，你又何苦费力攻击自己呢？

第三，还有签名、加密等机制来保证信道和区块的安全，详见 5.3 节。区块链技术环环相扣，在此不再赘述。

## ■ 5.4.2  何为 51% 算力攻击

在比特币的世界里，一切都是由算力来决定的。虽然挖矿多少会有一些运气的成分，但在全网算力面前，运气的影响微乎其微。由此，任何人如果拥有 51% 的算力，那么他将在比特币世界为所欲为。

《比特币白皮书》是这样表述的："只要诚实节点控制的算力总和大于有合作关系的攻击者的算力总和，该系统就是安全的。"也就是说，当有合作关系的恶意节点所控制的算力达到 51%，超过了诚实节点所控制的 49%算力时，系统将不再安全。这种情况引发的攻击称为 51%算力攻击（51% attack）。

这种攻击能做哪些事呢？

有了 51%算力，区块都是你生成的，你想在哪里重新生成最长链都是你说了算，随意分叉出的这条链将在你的指示下成为最长合法链。那么，能实现双花（double spending）吗？很容易，甚至别人的交易你都可以排除在外，不予打包确认。

那么如何防止 51%算力攻击呢？答案是没办法。只不过，任何人一旦拥有了 51%算力，他就会主动继续在最长链上打包挖矿，因为只有这样，他的收益才是最大的；否则，他就是跟自己过不去，耗费自己的算力去难为自己。正常的人是不会这样去做的，这也是区块链安全之所在。像贪吃蛇一样，自己约束自己。当然，非 PoW 共识算法的区块链网络是不存在 51%算力攻击的，如基于 DPoS（委托权益证明）共识机制的 EOS、TRON 等。

既然如此，那肯定不会发生 51%算力攻击了？这还真不一定。

在前面挖矿的章节中，我们知道，为了提升自己挖矿的收益、降低风险，人们基本以选择矿场的形式参与挖矿。那么矿场就会越来越大，从而形成算力垄断。算力被几个巨头垄断，就很容易发生 51%算力攻击。目前排名前五的矿池拥有近 70%的总哈希算力，这就成为一个潜在问题。而一些小型的基于工作证明 PoW 的区块链网络（不是比特币的区块链网络）就更加危险。

在比特币的世界里，曾经发生了这样一件事。一个比特币平台，名叫币安，但并不安，惨遭黑客盗走 7000 多个比特币，价值不菲。交易记录被打包在区块链中。币安眼见自己的比特币被别人打包，心有不甘。就提出对整个区块链进行区块重组，在发生盗币的那个区块（区块高度 575013）之前开始重新打包。也就是人为地分出一条链，把区块高度 575013 之后的链作废掉，从而挽救自己丢失的比特币。如果要想实现，那就要有 51%算力。当时，他们联合了很多算力，真的超过了 51%。重组区块链的消息一出，业内一片哗然，人们纷纷担心，这将是一个自杀的行为，比特币将不再被人信任，变得一文不值。最后币安放弃了分叉重组的念头，被迫自己承担黑客盗币的所有损失。

### ■ 5.4.3　何为共识

所谓共识，就是如何解决冲突。

在区块链中，会有很多冲突发生。例如，如何创建区块；多个矿工同时挖矿，几乎同时创建了区块，哪一个才是合法区块；看到了分叉的区块链，我跟着哪条链走。

这些冲突如何解决？靠规则。

第一，PoW（工作量证明）。工作量证明，就是一段时间内完成的工作量的证明，以此获得大家的认同和奖励。PoW可以帮助人们忽略冗长的工作过程，只关注工作的结果，使验证变得高效。

比特币是一个去中心化的分布式账本，如何解决拜占庭将军问题、排除错误、达成一致，使比特币系统安全、正确地运行，就需要一个共识机制，即工作量证明（PoW），也就是挖矿。在比特币中，中本聪采用的PoW系统是哈希现金（HashCash）。HashCash最初是用来解决垃圾邮件问题的。设计者提出增加邮件的成本，最大限度地阻止垃圾邮件。那么每一封邮件，无论是否是垃圾邮件，邮件信息中都包含一段邮件签名，签名包括收件人地址、时间戳和一个随机数nonce值，每一个发送者都要解决一个数学难题，实现nonce值的哈希值前若干位恰好是0。看上去挖矿和它一样嘛，原来，中本聪也并不是万事皆首创，区块链本身也是若干技术的集合。那个年代，计算正确的哈希值难度很大，但系统验证这个哈希值是否正确却非常简单。由此来迫使发送垃圾邮件的人敬而远之。当然，PoW并没有很好地解决垃圾邮件问题，原因可想而知。

PoW用在比特币中非常合理，它的优点也很明确：有效地解决了拜占庭将军问题，为比特币带来了安全、稳定、去信任、去中心化等特性。同时，它的缺点也很明确：资源浪费。随着矿机性能的提高，哈希难度也相应增加。道高一尺、魔高一丈，相互纠缠、永无止境。能源被越来越多地浪费，让人触目惊心。随着全网算力提升，分叉的概率越来越高，矿工需要更长时间的等待才能得到最终确认，用户也需要长时间的等待才能得到交易的完结。所以说，比特币不是用来花的，而是用来炒的。

第二，PoS（权益证明）。PoW，工作量证明，即挖矿的收益取决于你挖矿的工作量，挖的矿越多，浪费的能源越多，得到的矿产越多。可不可以有其他形式的共识机制不需要用工作量来证明呢？

PoS（权益证明）就是PoW的升级。鉴于PoW的缺陷，2012年Sunny King提出了PoS，并基于PoW和PoS的混合机制发布了点点币（PPCoin）。

PoS根据每个节点所持有货币的量和时间进行利息分配，挖矿收益与币龄成正比，与算力无关。

PoW用算力来证明自己，而PoS通过币龄来证明自己有资格创建区块。

PoS的优点，首当其冲就是节省了大量的能源，不需要消耗算力，也缩短了达成共识的时间。但面对去中心化的场景，PoS并没有很好地解决其中的难点，甚至会造成中心化的趋势。

除了PoW和PoS，还有很多种共识机制。在公安工作中，我们也可以根据工作的需求，开发自己的算法，实现新的更科学的共识机制。

第三，最长链规则。在比特币中，两个矿工同时创建了一个新的区块，一条区块链分了叉，这时就发生了冲突，哪一条才是合法的呢？别着急，比特币设置了最长链规则，这个区块出现了冲突，那么接下来的下一个区块能同时创建的可能性就小了。就算再次同时创建，那我们继续观察，直到那条链上出现了更早的区块，这条分叉就比另一条长了。那么这条链就变成了最长链，谁是最长链，谁就合法。所有的挖矿奖励由这条链的矿工获得，另一条链就被无情地废弃了。

最长链规则，就是如果你看到多个分叉，请跟着最长链走，因为最长链才是合法的。

### ■ 5.4.4　共识机制带给公安工作的创新灵感

区块链最为让人着迷的地方就在于它的逻辑性，层层相扣，设计精巧，通过 PoW 机制把拜占庭将军问题很巧妙地解决了。根本无须花大力气去查找叛徒，用严密的逻辑和程序解决一致性与正确性的问题，从而为系统带来了最大的信任。

了解了拜占庭将军问题，再回头看挖矿，我们突然发现，挖矿造成的巨大浪费竟然也有着巨大的意义，看上去毫无意义的挖矿，却解决了区块链的安全和信任两大问题，从而引发了信任革命。

这个机制对我们开展公安工作也有一定的参考意义。例如在情报研判的过程中，我们不可能要求每一条线索都是正确的，那么哪条线索是错误的呢？花力气去判别真伪，莫不如以容错的方法来得到最终正确的答案。

同理，很多信息化系统要求各级民警严格保证录入质量，坚决杜绝任何错误信息，给基层民警带来不小的工作压力。随着区块链和大数据技术的发展，我们完全可以把辨别真伪、统一格式、数据标准、数据流转等工作交给系统自动实现，从技术和机制上彻底解决重复录入、烦琐录入的问题。

由共识机制带给公安工作的创新就更多了，比特币用挖矿来达成共识，公安工作呢？可否用日常工作来创新共识机制呢？本书在后面会专门论述区块链技术与公安工作创新。

在公安工作中，你还能想到哪些场景可以用共识机制来解决常见的问题？

## 5.5　区块链技术架构

区块链技术的本质就是一个去中心化的数据库，是一个分布式数据存储、点对点传输、共识机制、加密算法等计算机技术的新型应用模式。从狭义上理解，区块链是一个按照时间顺序，将数据区块按照顺序相连的方式组合成的一种链式数据结构，并以密码学方式保证不可篡改、不可伪造的分布式账本。

从广义上理解，区块链技术是利用块链式数据结构来进行验证与存储数据、利用分布式节点共识算法来生产和更新数据、利用密码学方式保证数据传输和访问的安全、利用由自动化脚本代码组成的智能合约来编程和操作数据的一种全新的分布式基础架构与计算范式。

区块链主要包括数据层、网络层、加密层、共识层、合约层和激励层。图 5.7 所示为区块链技术体系架构。

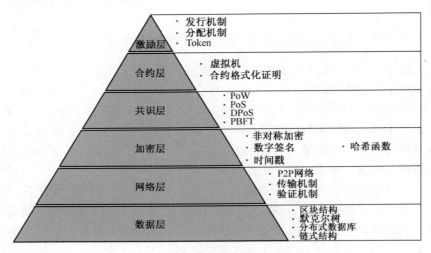

图 5.7　区块链技术体系架构

（1）数据层：包含区块结构、默克尔树、分布式数据库、链式结构。

（2）网络层：包括 P2P 网络、传输机制、验证机制，P2P 网络是全节点（全节点是存储所有完整数据，实时参与校验和更新主链），轻节点（SPV，轻节点是记录部分信息，利用建议支付验证 SPV 方式向相邻节点请求验证）；传输机制是指新区块生成后广播全网以验证；验证机制是按照预定义的标准验证。

（3）加密层：包括非对称加密、数字签名、时间戳和哈希函数。

（4）共识层：包括 PoW、PoS、DPoS、PBFT 等，指的是在分布式系统中达成共识用的机制，包括工作量证明（PoW）机制、权益证明（PoS）机制、股份授权证明（DPoS，多中心化）机制、拜占庭容错算法（PBFT）。

（5）合约层：包括虚拟机、合约格式化证明等，是指建立在区块链底层

（虚拟机）上的商业逻辑和算法。

（6）激励层：包括发行机制、分配机制、Token（代币）。

# 5.6　公安区块链晋级之路

区块链有太多的新名词，但通过以上的探讨，我们发现名词之间是有关联关系的。这些很高深的技术名词到底是什么原理？与公安工作又如何有机结合呢？

## ▌5.6.1　何为默克尔树

在5.2.2小节中，我们已经对默克尔树根值有了较为详细的了解，可以说默克尔树支撑了比特币的底层交易。在图5.8所示的默克尔树结构中，任何一个交易都经过两次 SHA256 哈希运算，得到相应的哈希值两两组队再进行两次 SHA256 哈希运算，直到得出默克尔树根值。由此，我们可以看出，任何交易的任何变化，都会引起默克尔树根值的变化，从而保证交易不会被篡改。

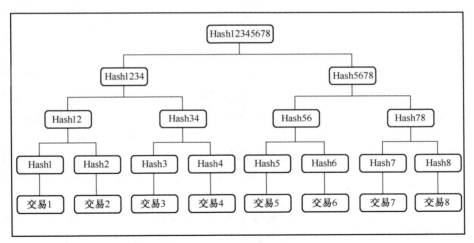

图5.8　默克尔树结构

默克尔树的特点就是，树上每一片树叶的一点点变动，都会传递到树根，牵一发而动全身。这个特点使得默克尔树可以应用在许多场景。

例如，我们接触最多的就是迅雷下载，迅雷下载就是 P2P 下载。在点对点网络中，每个节点或者说每台计算机，既是数据的下载者，同时又是数据的提供者。每个节点都从无数其他节点上下载数据，很难保证每个节点都是健康的。如何能迅速校检最后文件的正确性和完整性？迅雷的做法是把原始文件分割成数据块，每个块都类似于默克尔树的一片树叶。最终下载的文件只需要比对默克尔树根值，即可发现问题。如果发现是哪个数据块出现了问题，那么只需重新下载这个数据块，不用重新下载整个文件。

除了 P2P 下载外，默克尔树还可以用来快速比较大量的数据，只要两个默克尔树根相同，两个数据必然相同。

零知识证明也是默克尔树很好的应用。零知识证明就是在没有任何有效信息的情况下证明。例如，你要证明你有这个保险柜的钥匙，你不需要通过你有钥匙来证明，只需要拿出保险柜里的金条即可。

默克尔树还可以极大地精简区块链的验证。我们知道交易数据（主要的上链数据）随着交易数的增加，占用空间较大，验证难度指数级增长。但由默克尔树的结构可知，只需要验证区块路径的哈希值，就可以实现数据的验证。那么交易数据量增大了，路径大小呢？具体见表 5.1。

**表 5.1　区块与路径大小比较**

| 交易数 | 区块大小 | 路径大小/B |
| --- | --- | --- |
| 16 | 4KB | 128 |
| 256 | 64KB | 256 |
| 262 144 | 65MB | 576 |

可以看出，当区块大小由 16 笔交易（4KB）增加至 262 144 笔交易（65MB）时，默克尔路径的存储空间增长却极其缓慢，从 128B 增长到 576B。有了默克尔树，一个节点能够仅下载区块头（80B/区块）就能认证一笔交易，而不需要下载区块链的全部内容，从而节省巨大的存储空间和传输时间。这种节点称为轻节点，与其相对应的需要下载全部区块链数据的节点称为全节点。

聪明的你可能已经发现了，交易是区块体的内容，挖矿的主要目标可是区块头。那么交易的篡改在区块头中会被发现吗？这就是默克尔树根值的作用。交易的数据往往比较多，占用的空间较大，都保存在区块体中，而经过运算得出的默克尔树根值保存在区块头中。如此一来，任何一个交易被篡改，默克尔树根值必然发生改变，区块头哈希值也就随之改变，之后所有的区块都将是无效区块。因此默克尔树能够校验数据完整性，有效防止数据被篡改。而挖矿则只需要计算占用空间较小的区块头，省时、省力、省空间。每个区块头都包含上一个区块的区块头哈希值，这使得每一个区块都能找到前一个区块，这样一直溯源就能形成一条完整的区块链。通过维持一个较小的高效索引（默克尔路径）进而管理复杂的大量数据。

### 5.6.2　何为轻节点和全节点

轻节点也称为轻钱包，或者简单支付验证节点。轻节点依赖区块链网络中的其他全节点，仅同步与自己相关的数据，基本可以实现去中心化操作。在公安区块链系统设计时，并不是所有数据都需要每个民警（节点）下载使用，所以轻节点将被大量应用，从而大大降低存储空间和数据传输，使公安区块链的移动互联应用成为可能。

相对于轻节点，全节点是指拥有完整区块链账本的节点。全节点需要配置更高的服务器或计算机，提供更高的计算和存储资源，同步所有的区块链数据，能够独立校验区块链上的所有数据并更新。其主要负责区块链的交易的广播和验证。在公安区块链系统设计时，科学搭配轻节点和全节点，可以大大提升系统的安全性和可用性。

### 5.6.3　何为公有链、私有链与联盟链

公有链是指对所有人开放的区块链。任何人都能参与交易，任何人都可以下载完整区块链数据（全部账本），如比特币、以太坊。公有链适合面向百姓的无隐私项目应用，如互助保险业务、慈善捐助业务等。

私有链是指仅面向特定对象的区块链。可以对用户读、写权限进行任意程度的限制。在有些应用场景中，需要应用区块链的优势，但不希望任何人都可以参与，因此建立私有链，可以只对私有人员开放。例如，行业部门中跨企业的上链应用，使用私有链既可以保护信息的私密性，又可以利用信息不可篡改的特性帮助企业提升信用等级，在此基础上，可实现内部数据管理、审计或开发、测试或企业间合同取代等功能。

联盟链是指若干机构形成联盟共同控制共识机制的区块链。联盟链的每个节点对应一个实体机构，通过授权后加入或退出联盟链。每个节点的权限完全对等，交易需要大多数节点确认才能被写入区块链。联盟链相当于一个联盟，只要加入其中的节点，都是完全可信的，即便彼此不认识，也可以实现数据和信息的可信交换。这对于公安和政府部门是非常适用的。

### 5.6.4　何为时间戳

矿工在挖矿的过程中，对交易记录加盖数字时间戳，并打包到区块中。时

间戳是一个数字，指从格林尼治时间 1970 年 1 月 1 日 0 时 0 秒起至今的总秒数，这个数字是一个唯一的标识，代表某一时刻。时间戳的使用，给交易记录打上了不可修改的时间印迹，能进行追溯。因此，区块链能够很好地应用于公证、权证等领域。

在 5.2.1 小节中，我们曾经提出一个问题，就是时间戳并不精准。这是因为区块链是去中心化网络，在打时间戳时，不能从某个中心服务器获取时间，而只能从每个节点获取时间。而每个节点计算机的时间不可能完全相同，系统就取多数节点的中位数来确定这个时间戳。因此，时间戳并不精准。

## ▌5.6.5 何为 UTXO

UTXO，翻译过来是未花费的交易输出。不太好理解？那就简单地理解成余额就好了。然后，我们再一点点理解，最后发现 UTXO 并不是余额，或者说 UTXO 是余额的升级版本。

UTXO 最早是中本聪在比特币中采用的一个具体的技术方案，在比特币之前可没有这个技术名词。简单地理解就是还没被使用的钱。当张三向李四买牛支付 10 比特币的时候，这笔交易就是 10 比特币从张三的钱包地址输出到李四的钱包地址。张三就是输出，李四就是输入。张三需要花钱（输出）的时候，首先得有钱。这钱就是在系统中记录着还没给过别人的输出，这样的钱才能花，这笔交易所产生的输出就是"未花费过的交易输出"，也就是 UTXO。

听上去和余额差不多吧？其实仔细分析内存的逻辑，我们会发现，两者完全不同。

（1）UTXO 是交易时才产生的，没有交易，就没有 UTXO；而余额只是一个数字，是确定的。

（2）比特币网络规定，只有对"尚未使用过"的交易签名才算是有效签名，即 UTXO 是有身份的，指定了的；而余额只是一个数字，是随时可以在数据库中更改的。

（3）每笔交易都有至少一笔输入，即资金来源，也都有至少一笔输出，即资金去向，每一笔 UTXO 都可以追溯；而余额只是一个数字，是没办法追溯的。

（4）在比特币的交易过程中，因为引入了 UTXO 的概念，所以计算是同步实现的，而银行的交易是分步实现的，即先从支付方余额中扣除 100 元，再给收款方账户上增加 100 元，这个操作几乎是瞬间完成的，但在计算机的世界里，这个瞬间可以发生很多事。因此，从安全性的角度讲，区块链更加安全可靠。

（5）UTXO 的巧妙设计使得系统不需要传统的关系数据库来支撑，可以轻松地解决在计算机领域困扰人们多年的双花问题。因为任何一笔交易必须是另一笔交易未花费的交易输出，都可追溯，因而无法双花；而传统的银行系统只能依靠中心服务器的数据库来证明你的余额有多少钱。如果服务器出现问题，就可能出现多次交易。

任何一笔交易的交易输入总量必须等于交易输出总量，除了 Coinbase（创币）交易之外，所有的交易都关联着 UTXO，整个区块链就像链条一样，关联流动起来。

因此，确切地说，与传统的银行账户计算方式相比，比特币没有余额，而是 UTXO。其实比特币网络中也没有账户，只有地址。这就是想查询比特币钱包的余额，就要先同步后才能显示的原因。

理解了 UTXO 的内涵，您已经成为区块链的专家了。

## ▌5.6.6　何为 Coinbase 交易

在 5.6.5 小节中，我们知道一般的交易（除 Coinbase 交易外）都要有 UTXO。但是一个区块的第一笔交易没有上一笔交易，因而没有 UTXO。每个区块的第一笔交易就是 Coinbase 交易。这个交易是由矿工构建的，因此挖出的比特币奖励就是 Coinbase 交易的输入，即 Coinbase 奖励就是比特币的发行，因此也称为创币交易。

Coinbase 交易没有 UTXO，输入字段用 Coinbase 数据替代，矿工可以随意添加任何数据。中本聪在创世区块的 Coinbase 中就写上了："The Times 03/ Jan/ 2009 Chancellor on brink of second bailout for banks." 随着区块链的不断扩展，这句话永远留存。

## ▌5.6.7　何为智能合约

智能合约（smart contract）就是自动合约，实际上是运行在区块链上的一段代码，经过部署上线后，由系统强制执行，人工无法干预。随着合约上链，并被无限复制后，这段程序代码将永不会消失，只要满足触发条件，就会自动执行。这些交易可追踪且不可逆转。合约的参与者无须授权、无须参与，甚至无须彼此信任。代码即法律，约定即执行。因此，比特币是区块链 1.0 时代，以以太坊为代表的智能合约则为区块链 2.0 时代。

例如，困扰公安情报工作的一大难题是情报共享，民警手中的线索和情报很难实现真正有效的共享。究其原因，目前的情报共享机制依靠的是中心化的权力机构分配，没有根本性解决战果分配不公的难题。如果使用智能合约，那么情况就完全不同了。通过设定多方共识的合约内容，形成合约代码上链，公安民警再也不用担心战果分配的问题了。只需要开动马力，全力共享研判，破案后，战果自动分配。再也没有权力机构左右，结果公平公正。

利用智能合约解决这些传统的难题有着独到的优势。

一是执行高效。还用刚才的例子，案件破获后，民警不需要再次整理提交申请材料、案件材料，再等上一段时间由上级机关层层审批，简便高效。

二是公正公平。战果的分配由事先约定好的代码自动执行，不会出现毁约或是拖延的情况。在智能合约面前，人人平等。

三是精准分配。智能合约自动计算每个参与人员对案件侦破贡献的力量、起到的作用，并分配战果比例。合约的执行结果准确无误。

四是节省成本。智能合约的应用，将彻底改变考核的方式方法，变人为考核为自动考核、变上报统计为自动打分。不仅极大地节约了考核的成本，而且减轻了基层民警的负担。

智能合约是一种独立协议，不受任何外界影响，因而被称为加密的无政府主义。

## ■ 5.6.8　何为分叉

我们知道，区块链是一条链，类似于图 5.9。

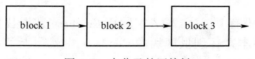

图 5.9　未分叉的区块链

下一个区块，理所当然就是 block 4。但这时发生了意外的情况，例如，区块链软件升级了。几十上百万的用户，可不是中心化的系统一声令下，所有人都立马升级的。在去中心化的系统中，自由万岁。所以，有的节点跟着升级了，有的节点不予理会。结果，本应该是简单的区块链变成了图 5.10。

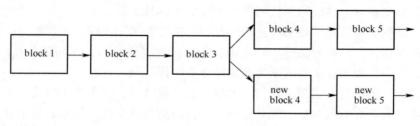

图 5.10　分叉的区块链

这就出现了分叉。这下就尴尬了，到底哪一个才是合法的呢？我们知道，区块链有个最长链原则，哪条最长哪条才合法。但问题是，这些新旧版本的软件并不兼容，每群用户都在自己视为合法的链上不停地继续挖矿、验证、打包区块，产生了两条基于不同规则、永远不会合并的区块链。这就是硬分叉。硬分叉会产生永久性分歧。与之相对应的，临时性分叉称为软分叉。只有硬分叉才会导致区块链被分叉成两条链。

历史上最著名的硬分叉就是 The DAO 被黑客攻击的事件。2016 年 6 月区块链最大的 ICO 项目 The DAO 遭黑客攻击，导致 300 多万以太币资产被分离，相当于 20 亿美元被盗。黑客找到了 The DAO 智能合约的漏洞，成功地挖到超过 360 万个以太币。面对如此惨重的损失，以太坊的创始人 V 神站出来说，这个事情很好解决，我们做个分叉，把问题区块以后的都当作无效交易，一切重新来过。这个问题很容易就解决了。但是 V 神没想到的是，很多人竟然不同意他的做法，仍然跟随原来的区块链。他们认为这违反了区块链的不可篡改性以及智能合约的契约精神，即便钱被偷了，仍然要坚守老版本。这样一来，以太坊就人为地形成了两条链：一条是 V 神及拥趸者的新 ETH；另一条是一部分人坚持使用的原链，也就是以太经典（ethereum classic）。

这就是 ETH 和 ETC 的由来。

## ■ 5.6.9　何为 DApp 和 DAO

DApp 即去中心化应用，是一种开源的应用程序，自动运行，将其数据存储在区块链上，以密码令牌的形式激励，并以显示有价值证明的协议进行操作。

DAO 是去中心化自治组织，其目的是为组织规则和决策机构编写代码，从而消除书面文件的需要，创建出一个去中心化管理架构。可以认为是在没有任何人为干预的情况下运行的公司，并将一切形式的控制交给一套不可破坏的业务规则。

DAO 是区块链 3.0 时代的重要特征。

5.6.8 小节中提到的 The DAO 特指一个 DAO 组织的名字。

## ■ 5.6.10　何为分片

区块链面临的一个大问题，就是事务处理速度太低了，低效率、高冗余是制约区块链技术的最大瓶颈，如何有效地提升系统吞吐量（TPS）是区块链技术创新的主要方向之一。由于区块链是点对点的网络，用户每产生一笔交易，需要多点验证、全网复制。那么能不能让这些验证工作由串联变成并联，就是分开由不同的节点处理不同的交易呢？这个思路就是区块链的分片（sharding）技术。

分片并不是新的概念，在数据库技术中，分片技术被用来将一个大型的数据库分割成小的数据碎片，并将这些碎片存储在不同的服务器上，使其能够更快、更有效地管理数据。这个思维嫁接到区块链上，就是将交易的记账工作分给不同的节点，不同的节点面对不同的任务，最后汇总到主链上进行验证。分片技术不太适合于 PoW 机制，但比较适合于 PoS 机制。这也是以太坊扩容的主要方式。

分片技术包括网络分片、交易分片、数据分片、状态分片等。

### ■ 5.6.11　何为币圈

所谓币圈，就是参与到各种数字货币的玩家形成的圈子。他们关心着各种 ICO、炒币、挖矿等与数字货币相关的事情，并意图从中获取利益。但事实上，币圈中真正挣钱的是少数。

### ■ 5.6.12　何为法币

法币就是法定货币，是国家以法律形式赋予其强制流通使用的货币。法币是由国家发行的，用政府信用做担保，如人民币、美元等。

### ■ 5.6.13　何为代币

Token 是区块链中一个非常重要的概念，称为代币，代币并不是货币，而是代表区块链上的一种权益证明，代表可以拥有并可以转让给他人的数字资产。

在系统中，我们要转账给别人是很容易的，因为有价格作为基础，货币可以进行价值交换，进行流通。但如果我们想把没办法记账的物品转给别人就比较难了，这是传统价值体系的约束。但是 Token 可以实现。因为 Token 可以将数据、线索甚至情报产品通过数字的方式进行记录，代替实物为权益，从而实现价值的流通。因而币圈的人更多地把 Token 翻译为"通证"。所谓通证，即权益，区块链由此带来了价值体系的变革。

### ■ 5.6.14　何为 ICO

ICO 是 initial coin offering 的缩写，意思是首次币发行，源自股票市场中首次公开发行的概念，是区块链项目以自身发行的虚拟货币，换取市场流通常用的虚拟货币的融资行为。

### ▌5.6.15　何为空投

空投是目前一种十分流行的加密货币营销方式。为了让潜在投资者和热衷于加密货币的人获得代币相关信息，代币团队会经常性地向币圈参与者的账户里发放不知名的代币，而数量是和原有代币数量成比例，想要拿到更多的空投，必须购买更多的代币，这是比市场营销更有效的宣传方式。

### ▌5.6.16　何为糖果

糖果是各种数字货币刚发行，处在 ICO 时，免费发放给用户的数字货币，是虚拟货币项目发行方对项目本身的一种宣传和造势。

### ▌5.6.17　何为破发

破发是指某种数字货币跌破了发行的价格。

### ▌5.6.18　何为私募

私募（private placement）是一种投资加密货币项目的方式，也是加密货币项目创始人为平台运作募集资金的最好方式。私募是相对于公募（public offering）而言，简言之，即私下募集资金，是指不通过公开市场，向小规模的符合标准的投资者出售股票（或加密货币），从而获取资金。

### ▌5.6.19　有哪些交易平台

目前币圈的主要交易平台有币安、OKEX、Poloniex、Bittrex、Bitfinex、Kraken、火币 Pro、Gate 等。

### ▌5.6.20　何为跨链技术

跨链技术可以理解为连接各区块链的桥梁，可实现不同区块链之间的信息互通。

### ▌5.6.21　何为 KYC

KYC 是 know your customer 的缩写，意思是了解你的客户，在《国际反洗钱法》条例中，要求各组织要对自己的客户做全面的了解，以预测和发现商业行为中的不合理之处和潜在违法行为。在开展反洗钱工作时，KYC 是一条首要的指标。

# 5.7 区块链管理规定

目前，我国针对区块链的管理规定主要是 2019 年 1 月 10 日国家互联网信息办公室发布的《区块链信息服务管理规定》①（图 5.11）。

图 5.11 《区块链信息服务管理规定》

国家互联网信息办公室于 2018 年 10 月 19 日发布了《区块链信息服务管理规定（征求意见稿）》，不到 3 个月即出台了正式规定，体现了我国政府对区块链产业的重视程度和依规监管的积极态度。《区块链信息服务管理规定》（以下简称《规定》）共分二十四条，明确了区块链信息服务的概念、监管主体、服务提供者的责任义务权利、备案管理的制度和违规处罚的规定，为区块链信息服务行业的健康发展提供了坚实的法规依据。

一是明确了区块链信息服务的概念。《规定》第二条定义了区块链信息服

---

① http://www.cac.gov.cn/2019-01/10/c_1123971164.htm

务的概念，是指基于区块链技术或者系统，通过互联网站、应用程序等形式向社会公众提供信息服务。同时，也明确了区块链信息服务提供者和使用者的概念，区块链信息服务提供者是指向社会公众提供区块链信息服务的主体或者节点，以及为区块链信息服务的主体提供技术支持的机构或者组织；区块链信息服务使用者是指使用区块链信息服务的组织或者个人。在这里我们看到，区块链信息服务提供者的概念非常宽泛，只要是提供区块链信息服务或者提供技术支持，都属于区块链信息服务提供者，都要按《规定》进行监管。对于国家明文打击的 ICO 行为，即便是转移到境外，按照《规定》的定义，仍然属于区块链信息服务提供者。

二是明确了区块链信息服务的监管主体。《规定》第三条指出，国家互联网信息办公室依据职责负责全国区块链信息服务的监督管理执法工作。省、自治区、直辖市互联网信息办公室依据职责负责本行政区域内区块链信息服务的监督管理执法工作。同时，《规定》第四条指出，国家鼓励区块链行业组织加强行业自律，建立健全行业自律制度和行业准则，指导区块链信息服务提供者建立健全服务规范，推动行业信用评价体系建设，督促区块链信息服务提供者依法提供服务、接受社会监督，提高区块链信息服务从业人员的职业素养，促进行业健康有序发展。

三是明确了服务提供者的责任、义务、权利。《规定》第五、六、七、九、十五、十七条从安全管理、技术方案、规则公约、安全评估、安全隐患、记录备份等方面严格规定了服务提供者的责任。区块链信息服务提供者需建立健全用户注册、信息审核、应急处置、安全防护等管理制度；应当具备与其服务相适应的技术条件和应急处置能力；应与区块链信息服务使用者签订服务协议，开发上线新产品、新应用、新功能的，应当进行安全评估；存在信息安全隐患的，应当进行整改；应当记录区块链信息服务使用者发布内容和日志等信息，记录备份应当保存不少于 6 个月，并在相关执法部门依法查询时予以提供。《规定》第八、十八条规定了服务提供者的义务。区块链信息服务提供者应当按照《中华人民共和国网络安全法》的规定，对区块链信息服务使用者进行真实身份信息认证，配合网信部门依法实施监督检查，并提供必要的技术支持和协助。也就是说，要想使用区块链信息服务，必须进行实人实名认证，从这一条上，区块链的匿名性被规避了。《规定》第十六条还赋予了服务提供者一定的权利。区块链信息服务提供者应当对违反法律、行政法规规定和服务协议的区块链信息服务使用者依法依约采取警示、限制功能、关闭账号等处置措施，对违法信息内容及时采取相应的处理措施，防止信息扩散，保存有关记录，并向有关主管部门报告。这些责任、义务和权利等细则的规定不仅对区块链信息服务提供者提出了责任要求，也对服务提供者的行为提供了科学指导。

四是明确了备案管理的制度。《规定》第十一、十二、十三、十四条对区块链信息服务的备案管理进行了详细的规定。区块链信息服务提供者应当在提供服务之日起 10 个工作日内履行备案手续；变更事项的，应当在变更之日起 5 个工作日内办理变更手续；终止服务的，应当在终止服务 30 个工作日前办理注销手续。相关互联网信息办公室收到备案人提交的备案材料后，应当在 20 个工作日内予以回应。各级互联网信息办公室对区块链信息服务备案信息实行定期查验。

五是明确了违规处罚的规定。《规定》第十九、二十、二十一、二十二条对区块链信息服务提供者的违规行为进行了明确的处罚规定，第二十一条第二款对区块链信息服务使用者的违规行为进行了处理规定。

《规定》的出台施行，标志着我国建立了区块链信息服务有规可依和有规必依的监管体系。区块链不再是监管盲区，更不会是犯罪天堂。随着区块链技术和区块链服务的不断发展，将会出台更多的规定、制度甚至法律。区块链的发展日新月异，随着更多人投入其中，区块链技术将更加全面、科学，区块链将带来全世界的改变，为我们的工作和生活带来更多实用的解决方案。

# 第 *6* 章

## 区块链带来的改变

了解了区块链的定义，我们看看区块链给世界带来的改变。

## 6.1 区块链的价值

区块链作为当今最为热门的技术代表之一，自诞生之日起，就吸引了大众关注的眼光，从最初的区块链 1.0 数字货币时代到区块链 2.0 数字资产与智能合约时代，再到区块链 3.0 自治组织、自治公司时代，区块链已经成功进驻了金融、政务、科学、医疗、教育等各个行业，实现了"区块链+"的变化。

在全球争先恐后开发区块链的趋势下，区块链的重要性自然不言而喻，区块链凭借着去中心化、分布式、不可篡改的特性，在金融、管理等各个区域发挥着重要的作用。自 2009 年诞生至今，区块链以自身的特性对这个世界做出了应有的贡献，并且带来了最高的价值——信任机制。区块链的信任机制主要体现在分布于区块链中的用户无须信任交易的另一方，也无须信任第三方中心化的机构，只需要信任区块链协议下的系统就能实现交易。区块链的分布式技术实现了去中心化，过去的中心化模式会存在造假、缺位的问题，这导致人们很难直接信任而无法开展更进一步的交易合作。区块链能准确、真实地记录产生数据的所有细节，并且高度的自治性确保了数据不被篡改，给予了数据高度的安全性。而区块链具备的特性，在一定程度上解决了信任问题，就个人而言保障了个人的数字资产、数字身份的安全，国家层面上，区块链作为自主创新的核心技术项目之一，某种程度上甚至能影响国家治理模式的变化，为此，区块链具有巨大的价值。

1. 实现了信息互联网向价值互联网的过渡

随着个人征信系统的不断完善，信任已经成为当今社会最重要的资产之一。而区块链结构采用的共识算法、加密算法和智能合约等全新的底层核心技术可用于构建信任链接器，在信息不确定、不公证、不对称的条件下，仍可以建立满足各种需求的信任机制，区块链给数字身份、数字资产提供了极大的安全感，区块链技术的突飞猛进，使它在社会各行各业有着广阔的应用前景，区块链在高度数据整合的基础上，改变着当前大部分产业的生产关系、重塑相关业务流程，如同最初的互联网一样改变着这个世界。

不可否认，如今社会正处于一场从物理世界向虚拟世界迁徙的历史性运动中，特别是人的社会财富逐渐从现实世界向互联网上转移，科技的飞速发展，尤其是互联网技术的蓬勃发展为区块链技术提供了充足的准备，数字资产、数据身份的大规模应用，需要对数据进行确认，区块链建立的信任机制恰好解决了确认的问题。

20世纪互联网的诞生使得人类社会摆脱了时间、空间、区域的限制，实现了实时远程信息传递，但是互联网本质上是简单的信息拷贝、复制和传递，信息安全、知识产权等得不到安全保障。随着互联网经济的发展，人们对信息的追求不再是简单的复制、粘贴，货币流通也不再仅仅依靠金钱的流通，更大程度上依赖于数字货币的流通，但数字货币从诞生起大多都是依赖于中心化的组织做背书来维护运行，如微信支付、支付宝、银联等，都是需要第三方中介作为信任机构。这些组织、机构大多都是依靠中心化的方式实现价值传递，这会存在很多弊端，例如安全性不高，个人信息泄露、账号被盗、银联被盗刷等现象时有发生，且不说第三方中心化的组织机构能存在多久，个人的信息、数字资产的安全都得不到保障。而区块链的分布式记账技术突破了这个难点，成为第一个能够实现价值传递的网络，在区块链的世界里，存储就是所有、数据就是资产、代码就是合约、通证就是信用、共识就是法律，自成一体，个人的数字资产、数字身份得到了很好的保护，区块链不受时间、区域、第三方介入的影响。

现在很多证件材料都逐步从纸质证件转向电子证明。信息互联网解决的是信息传递和信息共享，却无法保证信息的真实性，区块链实现了信息管理和电子身份认证，区块链的开放性、透明性使得区块链上的信息得到了安全保障，而区块链的不可篡改、对等互联、可以溯源的特点能够直接证明和确认信息的真实，两个条件相互制衡，从而证明了信息真实性问题，所以区块链又被称作互联网信任的基石。在信息大爆炸的年代，互联网上面的信息主要是通过复制的方式进行传播，区块链技术确实可以让数字资产在互联网上发生价值转移，类似于银行账户转账，从A账户转到B账户，这不只是账户上简单的数字复制、粘贴，而是存在着财产转移的过程，A账户上的数额减小了，B账户上的数额变大了，从而让数字资产的价值在互联网上高效地流通，这种转移不只是信息的转移，还包含了价值的转移。

在这个数据、信息大爆炸的年代，区块链提高了数据的真实性和安全性，区块链具备的不可篡改、分布式、去中心化、自治性等特性极其有望带领人类从信息互联网过渡到价值互联网的伟大时代。

2. 实现了人为基础信任到机器信任的跨越

区块链的信任价值是以链的方式重新构建这个世界，世界是物质的，物质是运动的，这一直都是我们追求的世界观，相较于现实世界，区块链构建的世界是以虚拟形式存在于互联网上的，这种虚拟却能将信任发挥到极致，实现了信息互联网过渡到价值互联网。但更值得思考的是：一个区块链项目能产生什么现实价值？经济基础决定上层建筑。在市场经济活动中，市场交易大多处于一种不完全信任的状态中，这也就是为什么会出现市场价格信号失灵、交易者之间存在互相欺瞒的现象，以及双花现象。数字货币在诞生初始，都是依赖于第三方机构或者公信力极高的组织，如政府、银行等，但是交易依然存在极高的风险。

区块链采用的是基于协商一致的规范、协议、共识和合约，使得整个系统中的所有节点能够在信任的环境中实现高度安全、自由地交换数据，使得对人的信任转变为对机器的信任，并且不受任何人为的干预影响。信任是有价值的，信任会产生非常大的社会影响，无论在高达近 76 亿人口的地球村中，还是小到人口只有几十人的小村子，一旦失去了信任系统，可以想象得到这个地球或者这个小村子是多么混乱，彼此互相不信任、交易无法达成，社会的信任都是基于人为的信任，但很多时候人与人之间的信任不是仅仅依靠于一句"我相信你的为人"而产生的，信任更多的是源于认同感，上自国家，下到个人，都需要这么一份认同感去维持。为此，信任是有价值的。当下社会的信任模式都是依赖于信任个人、政府、公司、组织、机构等，依托着人与人之间的相互制约、担保、公证、道德以及法律等规则，但依然无法达到完全信任的程度，而区块的信任是去中心化，它是独立的，具有不能篡改的特性，直接省略了第三方中介机构，以最低成本将信任达到最大化，改变了这个社会的信任机制。这也是区块链具有一定的革命性、颠覆性和全球性的原因。

区块链又被称作"分布式账本技术"，因此区块链具有一旦记录信息就不能更改的特性，这个特性源于区块链特有的五大基本特征：去中心化、开放性、自治性、信息不可篡改和匿名性，这也使得区块链可以不依赖于特定中心。在区块链出现以前，人们对无形或者有形的东西都会潜移默化地存在固有价值认可，但一直以来都缺乏技术手段来证明这种价值，更缺乏信任机制去公证。区块链去中心化的特征很好地解决了互相信任的问题，夯实了信任的基础，从而实现了价值认可，解决了令人啼笑皆非的"证明我妈是我妈"的问题。哪怕到今天，作为一个人，具有的社会身份就意味着生活在社会中都离不开各种证明，小到尚在母亲的肚子里就要建档，呱呱坠地前需要出生证，大到资产证明、房产证、学历证书等，即使最后死亡都需要一份死亡证明，因为一个人具有这些证件、证明才能被社会所认可，才能"自由"地生活在社会上。但矛盾的是，这些证件有的只能在特定的地点范围有效，有时候去国外办事时，国内的证件就不能证明了。因为这些证明缺少全球性的中心节点，所以才会导致这种失效的现象。而区块链具有信息不可篡改、去中心化、自治性的特性，这也从根本上改变了原来依赖于中心化的信用创建方式，通过区块链技术而非中心化的信用机构来建立高度信用系统。从每个人的出生证、学历证、结婚证、房产证再到死亡证等一系列证件都可以在区块链上进行公证，让证件变成全球都可信赖的东西，从根本上解决了"证明我妈是我妈"的问题。

信任作为区块链的价值，必然会衍生多种应用范围，区块链不完全等同于信任，因为它的信任是相对的，它高度的信任源自区块链技术，它的安全性非常高，国家、企业乃至个人对它的信任基于它高度的安全性。随着区块链技术的日益成熟，尤其是去中心化解决了原来信任受第三方中心化机构等人为因素、客观因素的影响，从源头上解决了信任问题，解决了当前社会存在信任不足、交易风险高、账户安全系数低的问题，使得信任值达到顶峰——信任机器。

3. 实现了契约社会到智能合约的社会改变

区块链作为一个信任机器，不依赖于任何节点之间建立信任机制，直接依托互联网达到传递价值的目的。简单理解就是在区块链的世界里，直接利用智能合约来执行规则，使得人们不必通过信任交易的人，只需要信任算法即可，这样使得互不信任的双方仍能达成交易的目的。区块链的去中心化、分布式账本数据不可篡改、可溯源的特性从本质上改变了当今社会市场交易的信任模式，降低了信任危机风险。

区块链的智能合约潜在好处很多，除了降低签约成本、执行成本和合规成本等，还适用于大量的日常交易，减少了高昂的法务或者公证参与的纸质合同和契约，都能用电子化的智能合约来实现，而且合约不受任何人为干预影响。而区块链的智能合约是条款以计算机语言而非法律语言记录的智能合同，可以与真实世界的资产进行交互。智能合约就是计算机按照执行程序，满足条件后即自动强制执行，这大大提高了社会透明度和监管效率，避免了欺诈行为。举个简单的案例。小明的爷爷在去世前立下一份财产遗嘱，遗嘱注明在其去世后且小明年满 18 周岁时，将自己名下的财产全部转移给小明。当将遗嘱记录在区块链上，区块链就会自动检索计算小明的年龄，当小明年满 18 周岁的条件成立后，区块链就会自动在政府的公共数据库等检索小明爷爷的离世证明，若离世证明存在，小明已年满 18 岁，两个条件同时成立，那么这笔资产将会不受任何约束地自动转移到小明的账户中，这种转移是不会受到人为阻挠等其他因素的制约，并且会遵照智能合约强制执行。区块链技术很好地实现了将所有交易和智能合约进行实时监控，具有不可抵赖、不可撤诉、不可篡改的特性，除了方便机构实现全方位监控管理外，还实现了自动化执行，具有高度的透明性，避免了人为干扰。区块链的信任价值将会带领着人类从契约社会过渡到智能合约的社会。

智能合约是分布式的程序脚本，执行智能合约需要双方达成共识，当一个预先编好的条件被触发时，智能合约才会执行相应的合同条款，单独一方是无法操纵和执行合约的，因为智能合约具有数据透明、不可篡改、永远运行三个特性，这就意味着它的执行控制权是不隶属于任何一方，比特币是在达成共识后执行记账，而区块链技术是把记账直接换成一个简单的程序。智能合约的应用非常广泛，如跟房屋租金相关的智能合约，只有房东收到租金后智能合约才会执行将安全密钥发送给租户，这样确保了租金的定期支付。家长可以通过智能合约设置孩子的支出使用规则，设立条件为不可以购买垃圾食品，孩子每发起一笔交易就触发一个智能合约，只有符合条件的交易才可以执行，当孩子购买垃圾食品时，这个支付就是失败的；对应地，如果孩子购买书籍等学习用品，这个支付就会成功，这也就控制了孩子胡乱购买零食的问题。目前，很多流程可以采用智能合约，以便提高办事效率，但是智能合约不是万能的，毕竟不是所有的合约都能转化为智能合约，有些合约是没有触发执行点的，如"我把天上的星星摘给你"，这是一件明确的不可能完成的事件，也就意味着这份合约是不会生效的。

随着信息化时代的发展，人类社会已经迈入到全球协作的模式，这个时期人类生产的产品不再仅仅是生活日常使用的有形产品，更多的是以大数据形态存在的信息产品。大家都知道，新事物的出现和发展必然是遵循客观规律的，得益于区块链技术具备了去中心化、自治性的特点，它给予了人类社会最大化的便利和自由，这份便利和自由是依托于区块链构建的信任机制，这也实现了人类社会首次不依赖于任何中央权威，就自由地可以进行大规模生产、交易、协作等组织方式，生产关系是人类在物质资料的生产过程中形成的社会关系，它是生产方式的社会形式，区块链致力于共建共享的社会秩序变化。

# 6.2 区块链的趋势

"区块链,是互联网 2.0。"

"区块链,让我们从信息互联网跨越到价值互联网。"

今天的上链,恰如 20 年前的上网。回想 20 多年前我们对上网懵懵懂懂,到今天我们生活的每个点滴都离不开互联网。可以预见,未来区块链也会给世界带来巨大的改变。

1. 信息流和资金流开始融合

北京有链科技有限公司创始人曾提到这样一句话:"互联网传递的是信息,让一个个数据和信息孤岛连成网络。而区块链传递的是价值,可以低成本高效率地完成价值交换。"

如何理解?就是以前信息和货币是分割的,通过区块链网络,如比特币,我们会发现信息的网络和资金的网络开始融合。区块链能同时进行价值表示和价值转移。

Facebook 前段时间发布了 Libra(天秤币)白皮书。在白皮书的愿景里它就提到了,说全世界至今还有 17 亿人没有享受到金融和银行服务,通过 Libra 这个项目,只要有网络的地方,就可以提供非常便捷的金融服务,这就是信息流和资金流融合带来的趋势。

随着区块链技术的发展,我们会发现它可以融合货币、票据、凭证、财务、会计、合同、结算、清算等功能。西班牙国家银行(桑坦德银行)发布的一份报告显示,如果全世界的银行内部都使用区块链技术,大概每年能省下 200 亿美元的成本。可以实时结算和清算,极大地提高了全球金融效率,并且由此能够改变全球金融的格局。比特币有一个特征会对传统金融实现颠覆,那就是信息和资金融合,交易即清算,在完成交易的同时也完成了清算的工作,以后会计、审计等都可以下岗了。

2. 平民化的欢呼

单从互联网的角度看,现在流量为王,数据为王,垄断企业、权力部门,这些中心化的机构将被区块链所带来的去中心化、全民平等所替代。实际上就给了平民和初创科技企业在垄断下的翻身创业的机会,让人人平等成为可能。

平民的欢呼,意味着权利阶层的没落。由此带来的是整个社会的巨大变革。

3. 信任成本大幅降低

区块链是一场信任革命,人们将有更多的时间和资本开展创新。

过去，两个人即便认识，也需要第三方做中介信用担保，为此带来的时间和成本非常高。区块链是由众多节点共同组成的一个 P2P 网络，不存在中心化的设备和管理机构。节点之间数据交换通过数字签名技术进行验证，无须互相信任，一切都由程序运作，任何人都改变不了。人们可以不信任人，但选择信任程序，从而免去了对人产生信任的复杂过程和未知风险，消除了信任成本，极大地提升了人类社会的效率。利用区块链技术，人们可以不需要中介，不考虑信任，通过全体用户的共识，消除中间环节，实现用户之间直接的信息和价值交换。就像那句广告语："没有中间商赚差价，一切都变得简单了。"

区块链技术是人类信用进化史上继血亲信用、贵金属信用、央行纸币信用之后的第四个里程碑。

所以，很多人在接触区块链时一直在问：区块链到底解决了什么问题？答案就是中介信用的问题。它使信任和交易成本降低到几乎为零。

**4. 生产关系的巨大变革**

区块链技术是能够影响整个技术和社会发展的重要力量。注意，这里强调的是"整个"！我们过去提到了大数据、人工智能、5G、云计算，它们之间都是有联系的。

大数据其实是包括数据和大数据两部分的。其中，数据是生产资料，大数据是对数据挖掘和可视化展现的技术和思维。云计算可以视为生产力，当然各种算力都属于生产力。5G 是提供服务的一个通信技术手段。而人工智能才是未来一切的目标。区块链和它们不同，区块链改变的是生产关系，提升的是协同网络和数字循环经济的效率。

那些寡头不再控制生产资料了，分配制度变了，人和人的关系也变了。领导管下属或者店大欺客等这些问题慢慢将不再存在。区块链是一个生产关系，重新定义了人和人之间的关系，这也是全球高度重视区块链的原因。有的人提出质疑：中心化可以解决所有应用，为什么要用区块链？这个问题就相当于，封建社会，皇帝的统治明明很好，为什么那么多人起义一样。因为人们追求公平、自由和民主，这是大势所趋，但很难实现。区块链让人们看到了希望，虽然现在看并不完美，但全世界对其寄予厚望。

这是一个巨大的浪潮。今天生产关系的改变让我们看到原有规则并不完美，这时候，我们或者说我们国家才有机会建立自己的规则去实现新一轮的全球化。通过区块链技术实现更大范围、深度、广度和宽度的数字地球村，就像在桃源村里发生的一样。在这个技术上，各个国家处于同一起跑线，我们国家完全有可能实现超越和崛起。在这个趋势中，区块链会成为全球化数字资源配置的一个重要载体。

举个例子，爱沙尼亚号称是区块链国家。

爱沙尼亚开始走向欧洲区块链改革的前沿始于其在 2014 年推出的"电子居留（e-Residency）项目"。通过申请的电子居民们将得到由政府认证、颁发的电子身份证号码，享受爱沙尼亚的线上服务。项目不对申请者的国籍、所在地域进行任何限制，目标是在 2020 年能够吸引全球 1000 万人成为爱沙尼亚的电子居民。

如今，爱沙尼亚本土公民可以在计算机上进行投票；在家中对停车罚单提出质疑；将他们的收入、债务、储蓄等数据进行系统内部共享，贷款不需要准备申请资料、办理任何公共事务不需要准备证件；在医生的候诊室里也不需要携带病历，通过区块链技术，相关部门可以轻松查阅所有可信信息。

5. 机制的自我进化

如果说以比特币为代表的数字货币奠定了区块链 1.0 的基础，那么区块链 1.0 时代最大的特征就是数字货币，解决了隐私、安全等问题。

相应地，以以太坊为代表的可编程智能合约将区块链推进了 2.0 时代。在智能合约的加持下，任何事物都可以转换为数字资产。

区块链 3.0 则是以 DAO（区块链自治组织）、DAC（区块链自治公司）这些自治组织为代表，每个人将成为其中一员，社会各阶层因跳上同一条船而惊奇地实现利益一致化。社会、金融、经济等各种组织规则随着通证在各个行业领域的广泛应用而自觉进化，现在不合理的所有机制问题都能利用区块链得以完美解决。未来，区块链从对生产关系的变革延伸到对社会组织关系的变革，在人人平等、人人一致的新型组织下，区块链 3.0 将无所不在、无所不能，自动进化重塑这个世界所有不公平的机制。

听上去无限美好，又似乎有些玄幻。这确实是一个理想的愿景。

数千年来，人与人之间的不平等导致社会阶层的差异，代表了不同利益的群体争相把持游戏规则，制度的不公平、不完善随处可见。今天，我们看到的一切愤愤不平之事，一切力不从心之因，都可以在体制机制上找到问题的答案。但我们能做的就只有望洋兴叹，因为机制的背后，是每个人的利益和不同群体的博弈。区块链 3.0 给人们带来无限期待，是因为它釜底抽薪，直接实现自治组织，通过通证实现所有资产上链，设计出一种人人同船的共赢机制，打造一个去信任、无风险的平台，进而实现日趋自动化的科学配置方案，促进人类社会的整体协同进化。

说得简单一点，就是通过通证，所有的资产可以量化上链，所有企业主、员工、用户、上下游产业链等由通证捆绑为同一个利益体，大家都在同一条船上，共进退、共兴亡。那么所有不利的制度都会得以改进、所有有利的因素都会极大地激发。每个人都是赢家。未来的社会组织形式也将因此不再固定为公司、企业，而更多的是以 DAO、DAC 等形式存在，甚至就是一条区块链、一个社区团体。

区块链 3.0 是一个共识时代，实现了机器共识、市场共识和治理共识。

区块链 3.0 是一个信用时代，一个不再有信任危机的时代。

区块链 3.0 是一个价值时代，通证可以对任何有价值的事物进行记录、计量和转换。任何事物都可以实现资产上链，并可量化、可交易、可追踪。如果说传统的互联网传输的是信息，区块链 3.0 传输的就是价值。这样带来的改变是非常大的，如在互联网的模式下，交易就是交易，交易之后再进行信息的传输、会计结算等一系列操作。但应用区块链，交易的同时就是信息和价值的交换，同步清算，不需要再进行结算。也许以后会计的工作很大一部分就被淘汰了。

随着区块链技术的发展，其应用能够扩展到任何有需求的领域，包括科研、医疗、教育、慈善、投票、物流等，进而到整个社会。

当以大数据为支撑的"区块链+人工智能"呼啸而来，整个社会将不断地自我进化，飞速发展。

至此，我们都知道了，区块链技术可不是比特币。不仅它的未来让人期待，它还会带来社会的巨大变革。区块链技术竟然如此伟大，让人充满期待。但现在熟悉、了解并深耕区块链的人还非常少，如何发挥区块链的技术优势，让项目落地，解决公安实战工作的难题才是最重要的。

# 第 7 章

# 公安区块链思维

区块链诞生至今已 10 余年，过去两年成为最热门的技术名词之一，各行各业都在探索"区块链+"。在区块链落地的建设应用中，相较于区块链技术，作为决策者的公安民警，更应该关心区块链思维。

很多人在谈及区块链时，往往认为："区块链是一种分布式账本技术，无非就是一套点对点的数据库而已。"带着这种思维，领导按照传统的方式交办科信部门一个区块链的开发任务。科信部门找到开发公司，公司紧急成立区块链项目组。经过几个月的开发后，发现区块链的效率远不如传统的系统架构，而且开发起来技术难度极大，代码还要开源。这根本不是宣传中的提效率降成本。

在区块链的开发中，这种情形不在少数。其根本问题是没有真正认识到区块链的本质，仍然把区块链当成一种技术，以为找一个大公司，按照传统方式把需求扔给它们就可以等结果了。

区块链不仅是技术的变革，而且是生产关系的变革和思维方式的变革。不是建一个系统和开发一个 APP 就完成了，而是全局上下在新的生产关系变革中，对业务逻辑的再优化和工作机制的再定义。这是一种全新的思维方式。

思维方式非常重要。例如，有些人说 TikTok 不就是一个 APP 吗？技术公司用不了两个月就做出来了。TikTok 真正有价值的不是它的技术，而是沉淀下来的大数据和沉淀下来的人们的习惯。微信也一样，人们的生活已经完全离不开微信了。微信的技术实现并不难，却没有一家公司能挑战这个垄断的地位，就是因为这种思维方式已经带来了社会协作的重构，除非有大的变革再次来临，否则微信将会越来越成为人们不可或缺的社交方式和手段。因此，思维方式才是最有价值的。

那么到底什么才是思维方式呢？思维是人进行逻辑推导的属性、能力和过程，包括形象思维（直感思维）、抽象思维（逻辑思维）和灵感思维（直觉思维）三种基本的思维模式。我们所接触到的互联网思维、大数据思维和区块链思维, 都是具体的思维方式, 属于思维能力的拓展。一个人思考、解决一个问题的思维过程, 不是单一使用某一种思维, 而是各种思维方式的综合。

传统的公安产品思维最关注, 常常甚至是唯一关注的核心点是如何更方便地实现民警的业务和公安流程, 而公安区块链思维则是针对公安业务思考方式的升级。

想一想如下的场景: 吸毒人员库不再是靠基层民警一个一个地录入系统中, 而是在工作流程中经过严格的验证、签名后自动生成, 流入系统; 吸毒人员库也不再是任何人可以随意删改, 而是只能按智能合约的规则, 由人员变更的条件自动更新。既避免了公权私用, 也有效解决了错录、误录的问题。是不是很美好?

掌握了区块链思维方式, 还会有很多神奇而美好的变化。

# 7.1 什么是公安区块链思维

我们这一代人在短短的几十年间经历了无数的创新和变革, 这得益于科技的飞速发展。有很多人感慨, 为什么自己没有再晚出生 100 年。因为按照现在科技的发展速度, 100 年后, 科技将让人类的生活更加随心所欲, 也许人类可以永生。其实早在 100 多年前, 清代池仲祐的《西行日记》中也曾写道: "人常叹不早生数百十年前, 得及亲古人所见闻。仆常叹不迟生数百十年后, 益得闻古人所未闻, 见古人所未见。倘再后数百年, 触类旁通, 地球中所制造, 必有非意想所经者, 惜今人不及见。然则余憾所生太早, 岂虿 [wèi] 言哉!"

就像 20 世纪 80 年代的科幻片, 都在幻想 2000 年, 甚至 2020 年发生的事。今天, 我们来到了 2020 年, 除了疫情让每个人心有余悸, 我们并没有永生, 也似乎并没有生活在科幻世界中的感受。所以同样的科幻内容, 时间只好再次推迟到 2049 年甚至 2100 年。其实, 科技的突破并不是一蹴而就的, 每一次的科技突破带来的社会革新都如同地下岩浆, 并非只在喷涌而出时才光耀夺目, 它是在不断地积累、迭代后, 逐渐改变社会生产生活方式。

公安信息化亦是如此。从基础工作数字化到公安大数据、人工智能等先进技术的变革, 都要经过几年、十几年的沉淀积累, 逐渐被大家熟知并应用。在这个过程中, 对于广大公安民警而言, 术业有专攻, 除了少部分科信、网安民警, 我们并不需要深入到算法及编程层面, 但我们一定要懂得新技术, 尤其是要形成新思维, 才能灵活应用新技术, 为公安工作服务。

公安大数据建设至今, 仍然有人认为大数据建设就是数据的汇集、大数据的应用就是数据的查询。而大数据真正的价值恰在于大数据思维，拥有大数据思维，可以让我们深入理解数据的内涵，掌握新的思考问题的方法和手段，懂得如何挖掘隐含在数据之下的知识和经验，从而指引公安工作。

思维是最重要的，软件的本质不是程序的编码，而是人类思维的编码。有什么样的思维，才会有什么样的技术，才能有什么样的应用。

美团没有一家餐厅，却垄断了点餐的生意；淘宝没有一家门店，却垄断了零售业。这就是典型的互联网思维。

高德不需要任何员工 24 小时在街上守候，就可以实时知晓全国每个角落的交通状况；情报部门可以根据数据预测未来的治安态势。这些都是大数据思维的成功案例。

区块链思维是一种颠覆了原有维度的思维创新。多一种思维，就多一把枪。从互联网思维到大数据思维，再到区块链思维，是科技的进步，为我们提供了更多的思考方式和工作手段。主动拥抱新的思维模式，才能紧跟时代潮流。区块链与实战如何紧密结合，从而产生有效应用，难点不是技术问题的解决，而是思维方式的转变。

公安区块链同样如此，我们在深入学习理解区块链技术的基础上，逐步形成科学先进的区块链思维，从而使用区块链的思维模式来思考解决公安工作中遇到的各种难题。

公安区块链思维是基于区块链技术和体系架构在公安工作中的应用所衍生出来的分析与解决问题的思考方式。区块链的本质是一套技术体系架构，核心价值是去信任，带来的是人人平等的生产关系变革。通过构建去中心化，或者是弱中心化的共识生态，实现数据的可信存储和价值的可信传输。从而不用过多地关注信任、安全等问题，而是更多地在人人平等的世界里解决实战需求的难点。

# 7.2  去中心化思维

去中心化是区块链最基本的特征，去中心化思维是最根本的区块链思维。

1. 淘汰管理定式，升级治理模式

去中心化思维是一种新的思维方式。

一直以来，层级式的集权管理是最高效的管理模式。我们在出台文件或制定政策时，首先考虑的就是如何贯彻落实中心思想。这种中心化的思维模式是管理思维，我们在学习去中心化思维时，并不是全盘否定原有的思维模式，而是学习一种新的思维模式，多一种思维方式。

去中心化也不是要去一切的中心化，而是去掉不合理的中心化。那么什么才是不合理的中心化呢？

我们在工作中经常会遇到这样的情况，就是什么事情一管就死，不管就松。这就是不合理的中心化。因为这些事情究其根源，是权责利没有合理分配。在这种情况下使用管理的定式是一种垄断和独裁的强制行为，会扼杀一个人的主观能动性，甚至会产生负面因素。当遇到这样的问题时，我们不妨进一步思考，满足人们追求自由、民主的美好愿望，满足人们利益最大化的个体需求。

例如在情报线索的有效共享、特殊人群的现代化治理等工作中，我们都可以变换思维，换一个角度看待问题，也许会有出其不意的效果。

随着去中心化思维在社会各团体中流传，未来我们面临的社会治理模式也会随之发生变化。垂直性的公司、组织将逐渐被无数的 DAO（详见 5.6.9 小节）代替，松散的去中心化自治组织将成为公安工作的服务对象。这种自治组织在区块链技术的支撑下运营，营利模式、融资方式都会发生巨变。未来，公司上市将不再是人们追求的目标，甚至用 DAO 淘汰替代落后的股份制。在这种情况下，单一的管理定式无法适应社会的发展，而新的思维理念就会成为每个人必须掌握的技能。掌握了人性的需求、符合了所有人的利益，管理自然升级为治理。在现代化治理体系中，每个个体都是平等的，每个个体都是治理的主角，集体与个体将会完美结合。

去中心化思维并不是解决所有问题的灵丹妙药，但它提供了更人性化的解决方法：变权威为平等、变多级为扁平、变集权为分散、变被动为主动、变控制为协作、变管理为治理。

### 2. 高效和公平可以兼得

中心化系统是高效的，但是由于其高效来源于损失公平，所以在探讨公平的问题上人们提出区块链系统，目的是损失一部分效率完成更多的公平。区块链一切技术的革新源自生产关系的革新。在中心化的体系内，区块链所要实现的大部分功能其实是更容易被实现的，而且技术也是更成熟的。但区块链终于在技术层面脱离了中心的集权，实现了真正的人人平等。而后发生的一切变革都基于此。

我们的社会从无序的无中心化发展到目前生活在一个中心化的秩序里，未来一定是去中心化为主的世界。是以去中心化为主，并不是完全去中心化。因为如果把中心化看成集中制，去中心化就是民主制，我们都知道单一的民主和单一的集中都是有缺陷的。单一的民主带来的是一盘散沙，我行我素，执行力弱，效率低下；单一的集中则会带来一人为大，高高在上，独断专行。类似于封建帝制，执行效率高，但中心决策直接影响了方向的对错。最优解决方案就是民主集中制，既能保证集众人智慧、科学决策，又能确保执行效率。

从这个角度看，我们一直都是处于中心化和去中心化的交叉之中。但是为什么我们没有意识到呢？那是因为我们适应了中心化带给我们的便利。

存钱，去国有大银行；购物，选淘宝、京东大平台。然后我们什么都不用费心，登录了平台，那里就有我们想要的一切，包括我们的个人信息。当人们适应了这种被控制，会形成一种惰性而害怕离开，不得不放弃自己的隐私和个人的数据。久而久之，中心化的各种弊端显露无遗。

就像在故事当中描绘的一样，IT 技术和思维的发展过程与社会形态如出一辙。从单机版、局域网，到 C/B 架构、分布式、云计算，再到今天我们探讨的区块链，IT 技术和思维始于无中心化的互联网史前时代，成熟于中心化模式，未来将面临人人平等的去中心化/多中心化时代。

也就是说，去中心化不仅是技术的进步，而且是人类思维的进步。区块链技术是在人类思维进步的前提下应运而生的技术进步。因此，如果有人说去中心化要比中心化先进，或者区块链技术是用来代替传统 IT 技术的，你就知道他的这些说法都是片面的。在我们可预见的一段时间内，主流 IT 世界仍会以中心化为主，去中心化只是补苴罅漏。也许有一天，去中心化的网络最终超越了所有最先进的中心化架构，甚至取代中心化服务，最终使得每一个网民都成为一个微小、独立且平等的综合体，那么互联网将更加扁平、内容更加多元、升级更加顺畅。

鱼和熊掌不能兼得，而我们要去追求的就是高效和公平的兼得。

3. 去中心化，不是无序的无中心化

中心化和去中心化并非是矛盾和对立的，相反，它们在很多时候是和谐统一的。

在日常公安工作中，最基本的准则就是服从命令。服从命令是军人的天职，作为准军事化的纪律部队，公安也要绝对地服从命令。但是去中心化思维是最根本的区块链思维，去中心化思维就是没有领导和兵的区别，大家都是平等的。那么我们的公安工作该如何应用区块链思维呢？

把去中心划分为三个层面：架构层、决策层和逻辑层。区块链在架构层面和决策层面是去中心化的，但在逻辑层面是中心化的。这句话很客观地告诫我们，不要为了区块链而区块链。最重要的是我们要清晰地知道，区块链的协同网络到底解决了什么？使用区块链比传统的解决方案提升了多少？区块链系统如何有效激励？如何获取共赢？如何高效协同？即便是去中心化，也是在科学分析需求的基础上辩证地去中心化，而不是绝对地去中心化，更不是无序的无中心化。

在公安工作中，即便是决策层，我认为也未必一定是去中心化的，因为绝对的去中心化和中心化之间有很多种创新的选择。

# 7.3　激　励　思　维

"鸡蛋从外面打破是食物，从里面打破是生命！"这句话揭示了一个人生哲理：同样的事物，被动是压力，主动是成长。让一个人被动地工作，永远达不到主动的效果。正确地运用激励思维，可以达到事半功倍的结果。

1. *财富激励人们勤奋*

区块链重新定义了财富的概念。随着 Token 的引入，财富不再局限于传统的房子、车子、现金、股票，任何我们看得到、看不到的，都可以上链通证化，并自由流通，从而形成财富。财富交易的速度和广度大为提升，获取财富的方法也将随之大为增加。只要一个人足够勤奋，他就有发财致富的机会，因为一切皆可上链。

通证即由现实中的事物转化来的一切数字化的资产，可以分为价值型、收益型、权利型、标识型等多种属性。通证类似于数字加密货币，但不是简单的数字货币。通证可以将现实中的一切包括有形的和无形的事物转化成数字化资产，并进行流通和价值的转换。"通"即通存、通兑，"证"即可识、可防、可证明。"通证"因共识机制而成为所有事物的价值载体。

例如，一个人没有黄金、房产，只有一双勤劳的双手。在传统世界，他无法获得资金经商，只能出卖劳力。而在区块链的世界里，他可以将自己未来的价值通证化，提前获取融资，从而勤奋工作。

一位教授可以将自己的科研想法提前通证化，换取科研的费用，从而勤奋科研。

一名学生可以将自己未来的价值提前通证化，换取读书的费用，从而勤奋学习。

一个民警可以将自己获得的线索提前通证化，换取挖掘的动力，从而勤奋研判……

同样，只要拥有一技之长，一个人足不出户便可参与其中、安身立命。从而激励他主动作为、主动创新。

与其用行政命令要求民警被动地录入信息、共享线索、研判情报，远不如用财富激励民警主动作为。对于我们服务的百姓，这一条同样有效。此处的财富并不局限于看得到的金钱，而是征信、荣誉、能力、奖励、资源、权限等任何通证化的事物。这一模式完全打破了传统经济模型，并重新定义财富的概念。通过通证激励的方式，将激发自治组织的兴起，替代陈旧的股份制模式，激发出个人和企业的经济活力。

2. 公平激励人们进取

我到各地调研禁毒情报和信息化工作时，基层反馈的意见基本一致：一是数据权限不足；二是情报线索共享不到位；三是研判工具不智能。当深入具体的案件时，发现的问题也基本一致：每个人都希望别人把数据、线索、情报全部共享出来，为自己所用。但自己手中的线索是自留地，坚决不对外共享。因为毒品案件需要辛苦经营，自己获取的线索，一旦共享出来被别人领用、立案、侦破，就与自己毫无关系了。最后的战果是由上级单位考核的，过程不透明、结果不公平、分配不科学，迫使民警不敢共享。

按照大数据的思维，一个民警存在这种私心不重要，但所有民警都有这种担忧的时候，共享就只能是文件中的要求和制度上的强迫。难点在于一个案件破获的付出很难溯源认定、很多工作无法量化考核。区块链思维在解决这个问题时具有天然的优势：一是区块链用算法和代码给予我们透明的过程和绝对的信任；二是用可追溯机制保证每个节点的贡献可倒查、可量化；三是用代币确保系统中的价值激励实时到位。这样一来，每个人都可以从透明的去中心化协同中公平获益，论功行赏。那么大家能做的是什么？主动共享线索吧，因为放在手中没有收益，但被别人破案，也可以公平得到属于自己的那一份。如此一来，善于走访的去接触一线线索、善于研判的坐在办公室开展数据挖掘、善于外线的不断提供情报供参考斧正……整个情报协同体系自然建立起来了。每个民警都毫无保留地展示自己的才干，公平激励着人们进取。

3. 共识激励人们主动

战争是历史前进的车轮。世间纷纷扰扰，都是共识的缺失，只有达成共识，才能共同前进。区块链无法解决全人类的共识，因为全人类有太多的利益冲突。区块链解决的是达成共识才能入群的问题、解决的是入了群就必须按照共识机制执行的问题。

世界卫生组织（world health organization，WHO）是联合国下属的专门机构，宗旨是使全世界人民获得尽可能高水平的健康，是国际上最大的政府间卫生组织。任何国家作为一个节点加入，是认同并遵守国际公约的，这是一个严肃的组织。在这个群里，唯一的制约是国家的公信力。当一家独大之时，当然可以随心所欲、背信弃义。他不需要在乎别人的看法和谴责，因为没有制约的共识不是真正的共识。

在区块链的世界里，一切都是代码。通过代码来确定共识机制、通过代码来执行共识协议、通过代码来履行智能合约。在这里，任何一个节点的权、责、利都是相统一的。当设置的条件触发时，任何人都无法篡改、阻挡。会费是按时自动缴纳的；退群是要付出代价的。

协议代码化、经济共识性、权责利统一是共识机制的逻辑基础，提供了透明的共识机制、实现了完全的履约保证、降低了人为的信用风险。

区块链的共识机制，就是最好的信用保障；区块链的智能合约，就是最好的考核体系；区块链的通证系统，就是最好的奖惩机制。

我们每天呼喊的公平、公正、公开的口号，终于要被技术保障体系实现，这是一场人类历史上的重大技术革命，我们有幸参与其中。在这样一个共识机制的保障和激励之下，人们的主动性将大大激发。我们不仅面临着人人平等的重大变革，而且面临着财富增值的重大机遇。

## 7.4　共　赢　思　维

比特币系统没有任何机构专门维护，靠每个用户主动维护，安全地度过了11 年，而且市值越来越高。为什么大家会如此团结一心？是因为每个参与的人对比特币都拥有崇高的理想和情怀吗？显然不是。

我们从穿上警服的那一天起，一年四季 365 天值守岗位，百姓过节，我们过关。因为我们真的有理想、有情怀。但是，我们可以有理想、有情怀，体制却不能用理想和情怀来支撑。比特币的成功在于，它设计出了最好的共赢思维，把每个人的利益捆绑在一起。只要比特币发展得好，每个人都有收益；如果比特币衰败了，每个人都会受损。在共识机制之下，所有参与的人捆绑在一条船上，一损俱损、一荣俱荣。

区块链是对生产关系的变革，也是对生产关系的解放。区块链利用人与人的平等关系，在开放透明的规则之下，创造出了绝对公平的共赢思维。可以说，区块链思维的核心就是共赢思维。在这种思维模式下设计的系统会让每个参与者平等地形成利益共同体，每个人都是主人，所有人的活力都会被激发出来，每个人都会努力在利益共同体中贡献自己的价值。

如果说区块链 1.0、2.0 时代是人们已经或者正在经历的，那么 3.0 时代便可以称得上是人们对未来虚拟数字世界的理想化愿景。在区块链 3.0 里，所有资产可以上链，人们的一切工作生活融入上链，共同打造一个无欺诈、去信任、低风险的平台，通过区块链和通证，设计出一种共赢机制，实现所有资源和人力的科学分配和利益绑定，促进各领域的协同共赢，极大地激发系统的活力。

因此，在区块链的系统设计中，如何梳理所有节点的共同需求、设计共赢机制是关键所在。区块链系统就是要通过技术手段实现共赢的目标。

# 7.5 协同思维

区块链，本质上是一种分布式的共识与价值激励的体系，核心意义在于构建一个面向业务的每个节点都能主动作为的协同共赢平台。协同是所有行业领域追求的目标，也是区块链重要的思维方式。

所谓协同，就是指两个或者两个以上的不同资源或者个体协调一致地完成某一目标的过程或能力。在智慧警务中的协同有着更深的含义：不仅包括人与人之间的协作，而且包括不同应用系统之间、不同数据资源之间、不同终端设备之间、不同应用情境之间、人与机器之间、科技与实战之间等全方位的协同，是以要素、单元、系统为基础的面向应用的服务聚合。通过结构元素各自之间的协调、协作形成拉动效应，推动事物共同前进。协同的结果导致事物间的属性互相增强，向积极方向发展的相干性即为协同性。人人受益，整体加强，共同发展。一加一远远大于二。

大数据的相关性思维颠覆了传统统计学中简单的因果关系，而区块链思维则更进一步地用要素之间的复杂关系解释了事物的真实原因。公安工作除了关心个体要素，更应该关心要素之间看不见的关系。在区块链系统中，每个传统要素都可以用块来记录，而要素与要素之间的关系就是区块链中最重要的"链"字。

在历经数百起案件研判、尝试各种方法机制的基础上，我希望能实现一个目标，就是协同研判，因为一个人的力量太有限了。现在的信息化时代对每个人、车、时空轨迹的研判都是一项艰巨的任务。而这些要素之间的关联则更为复杂。受限于数据、警种、地域等各种限制，我再强大也没办法把一个团伙研判到最精细。智能协同研判是打破信息资源壁垒、地域警种划分的有效手段，是打开智慧警务的金钥匙。

一是实现数据情报资源的整合。协同研判不要大数据，而是用大数据。充分利用科技手段，积极运用大数据和区块链技术，通过协同实现信息资源的整合应用，突破资源、权限、警种、地域的限制，有效针对犯罪的跨区域特点，解决数据资源离散，实现情报线索的有序、有效衔接，构建时空云，推动打击工作有序开展。

二是实现研判人员的协同。人力资源是实现智能研判的关键，针对各地区的不同形势、犯罪活动的不同特点，利用人力资源协同打造全国一盘棋，互通有无，密切配合，使打击效果最大化。

三是实现技术与实战之间全方位的协同。通过上链共享研判，解决传统的过于依赖结构数据、分析手段单一、研判工作量过大等问题，形成基于时空大数据的图谱式可视化协同云研判，实现基于区块链的协同智慧研判。

在区块链的技术热潮中，我们应该关注技术，但更应该建立区块链思维，以此探索拥抱区块链技术为公安行业带来的机遇。

# 第 8 章

## 如何理解公安区块链

2019 年 10 月 24 日下午，中共中央政治局集体学习区块链技术的发展现状和趋势，为区块链的发展指明了方向，吹响了号角。我们从公安工作的角度如何理解公安区块链呢？

## 8.1　核心技术，自主创新

当下，区块链技术已成全球热点，世界上的主要国家迫不及待地加速布局区块链技术创新发展，已公开专利近万项；美国、澳大利亚从多领域、多层次、多方面探索区块链技术，韩国自上而下进行区块链创新，迪拜计划打造世界区块链应用中心等。在国际竞争中，我国在高、精、尖科学技术领域经常落后于美国，有些技术还不及日本、韩国。然而，在区块链这个新兴领域上，大家站在了同一个起跑线上，这是我国有望领跑的一次难得机遇。

区块链并不是一项全新的技术，而是多种技术的集合体。目前，针对区块链的创新主要集中在分布式账本技术、点对点传输技术、密码学应用技术、共识机制技术、智能合约技术五大类，国外多侧重于 BFT 共识算法、原子跨链、子链等底层关键技术。但目前，国内区块链真正的自主创新技术还很薄弱，过于依赖国外开源技术。例如在联盟链方面，IBM 的 Hyperledger Fabric 的底层技术是国内许多开发人员的首选。当前，我国面临的国际形势岌岌可危，这迫使我国在经济，政治、文化、科技、人才等领域要不断突破自我，突破固有思维方式，在各行业勇于创新，迎接挑战。危险与机遇共存，面临危险的同时，也是另一种机遇。区块链本身的创新之处在于多种技术的融合。IMABCDE（详见 8.5 节）技术的融合创新，将带来各行业转型升级的重大机遇。尤其是区块链技术的创新发展，可以帮助世界创建一个透明、安全、平等的国际新框架，彻底打破美国的技术垄断、经济制裁和美元霸权。

国内北京、上海、广州、深圳、杭州等城市，主要集中于区块链硬件、平台、软件、咨询等方面的研发已初具规模，京东、腾讯、百度、迅雷、阿里巴巴、华为等大公司纷纷介入，预估 2022 年产业规模达 5 亿美元。加快推动区块链技术和相关产业的创新，积极促进我国区块链技术和经济、社会相融合发展，绝不能再次落后。区块链不仅代表着我国先进技术的突破，而且代表着社会关系和思维的转变。

当前正是公安工作跨越式发展的重要时期，科技兴警、科技强警成为摆在各级公安机关面前的必修课。区块链技术目前面临技术初创、规范缺失、合约冲突等现实不足，作为维护社会和谐稳定的关键力量，公安机关要主动把握区块链发展的先机，积极探索区块链技术在公安领域中的应用，提升我国公安队伍严格执法、科学执法、公正执法的水平。

# 8.2　提高认识，拥抱科技

区块链对建设网络强国将起到至关重要的作用，但并不是每个人都了解，都能抓住这次创时代的机遇。技术的发展不是奔跑，而是腾飞。当我们还在普及思想的时候，世界各国不断地加快区块链在各领域应用落地的速度，由此带来的对金融、制造、信息等产业的结构性变革也逐步显现。尤其是荷兰、韩国、美国、英国、澳大利亚等由政府积极推动主导区块链产业布局。作为一项新技术，区块链已然在敲打我们的门窗。由于区块链技术难以理解，似乎与我们的工作生活相去甚远。很多人不理解区块链和 ICO 的区别，内心抵制区块链技术，不能解放思想，不能主动迎接区块链在公安工作中带来的变革。

现在，我们应该深刻认识到区块链技术的关键作用和发展趋势，跟上新形势、学习新知识、开拓新思维、拥抱新科技。

未来，国家将大力发展区块链在各行业领域的创新尝试，让区块链的技术和创新给老百姓带来实实在在的福祉。国家更希望看到民生领域的落地尝试，看到区块链实实在在地改变我们的社会，让社会更便捷、更安全、更美好。相信新技术在公安领域中也会有非常广阔的应用前景，我们应主动学习区块链，了解区块链，创新区块链在公安领域中的应用。这是响应时代的召唤、顺应历史的潮流。区块链技术在公安领域中应用的优势，不仅体现在它能够解决公安领域数据共享、隐私保护、数据安全等多个问题，还体现在它能提升公安机关的工作效能、转变公安机关传统工作模式、推动公安机关战斗力的跨越式发展。

# 8.3 探索应用，服务民生

区块链去中心化的特点，让众生平等；分布式、难篡改、可溯源三大特点，让服务公开、透明。平等、公开、透明，这是百姓对政府服务最大的需求。从这个角度看，区块链技术在民生领域有着天然优势。国家高度重视区块链技术的发展，希望能发挥区块链技术的优势，大力服务民生，为人民群众带来更好的政务服务体验。区块链在很多民生领域都有巨大的应用前景，而民生与公安工作息息相关。想一想几千年来人们一直都在追求的人人平等，在新时代将要真正实现，这是一件多么让人骄傲而意义非凡的事情。随着区块链技术在服务民生领域的不断创新应用，每个民警之间是平等的，民警与领导之间是平等的，民警与百姓之间是平等的。在这样对等的节点之间，政务数据跨部门、跨区域将实现共同维护和高效利用，势必促进业务的协同办理，百姓将真正实现最多跑一次，甚至一次都不跑。

人民公安为人民，公安部门更应该积极探索"区块链+公安"的模式。智慧警务，就是要更好地服务百姓；全民应用，才是最好的大数据来源。公安机关要实现大数据时代下的转型升级，就必须充分利用大数据与区块链技术，进一步加强"智慧新警务"的品牌战略，以此提升服务民生的能力，为支撑基础信息化建设、打造公安信息化升级版提供坚实的大数据基础。

# 8.4 原始创新，尊重人才

公安信息化建设应用一直面临一个难题，就是严重缺乏既懂技术又懂业务的全面人才。究其原因，公安工作壁垒高、业务深，没有10年的公安实战经验，难以从根本上理解公安精髓和矛盾需求；而随着IT技术的飞速发展，各种新兴技术日新月异，计算机专业人才都难以不断跟踪新技术。因此，缺乏既懂技术又懂业务人才的困境不但会一直持续，而且会越来越严重。我在分管科信工作的3年里，深深感受到基层科信部门专业人才本已不足，却因一个接一个的项目招标而成为跑手续的"项目办"。在此条件下，公安机关不得不把建设和创新全权委托给科技公司。如此，大公司拼命垄断，低价外包小公司实施；小公司挣扎生存，毫厘必争降低投入。低端重复、同质化建设，比比皆是。不仅浪费了国家资金、耗费了人力，还催生出不少靠忽悠过日子的公司。

各类投资者鱼贯而入，只要标书写得好、报价低，一旦中标，无论是低技术含量实现简单功能，还是高技术含量创新实战应用，几乎都可以通过项目验收。恶性竞争导致市场垄断化、技术空心化和应用低端化是目前公安信息化的三大潜在问题，技术公司甚至人为设置独有的技术标准和数据结构，更进一步导致公司垄断成为系统整合真正的障碍。现有建设模式下，公安核心数据资源实际掌握在各开发公司手中，公安信息化受制于公司的现象十分严重。因公司人员流动大，数据安全难以得到保障。这些是各地信息化建设无法回避的问题。

　　这些现实问题的存在，归根结底是人才缺失的原因。本就珍贵稀少的人才，却得不到应有的重视，得不到人才，更留不住人才。那么如何去解决呢？那就是让专业的人做专业的事。区块链的基础研发难度很大，应由高校等科研单位集中力量攻坚；公安业务专业性强，应由公安人才梳理需求。也就是说，公安业务和科研结合才是智慧警务发展的唯一、必由之路。而传统简单的甲方、乙方的关系将会转变为甲、乙、丙三方的合作关系。公安业务的甲方、公司技术的乙方和高校科研的丙方才能发挥出各方力量，相互检验、监督，形成合力。在区块链技术的建设应用中，公安机关应紧密结合科研高校，强力推进原始创新，尊重人才，注重提升创新能力和培养骨干人才，在区块链领域努力实现从"中国制造"向"中国创造"和"中国智造"的转型升级。

## 8.5　技术融合，协同发展

　　IMABCDE 中的每一项技术都不是独立的，而是相互融会贯通的。I 是 IOT（物联网）、M 是 mobile communication（移动通信，5G）、A 是 AI（人工智能）、B 是 blockchain（区块链）、C 是 cloud computing（云计算）、D 是 big data（大数据）、E 是 edge computing（边缘计算）。作为当今最流行的前沿技术"边区云大物智移"中的一员，区块链技术已与其他技术深度融合，并延伸到社会的各个领域，尤其在数字金融和数字资产交易领域中发挥着举足轻重的作用，同时在司法、公安、行政等领域开展了相应的实践与探索。据中国信息通信研究院统计，我国区块链企业的数量位居全球前三，区块链在探索数字经济创新模式上起着承上启下的重要作用。随着我国公安大数据建设应用的不断发展，智慧公安的目标距离我们越来越近。我们面临的数据安全、隐私保护、数据追溯、数据共享、深度挖掘的压力越来越大。区块链技术的横空出世，有它的历史必然性。我们应该把区块链技术和各项技术融合起来，作为推动公安创新发展的技术动力，在视频专网、大数据、情报、侦查、便民等各领域广泛应用，协同发展。

# 8.6　引导规范，有序推进

区块链技术是一把锋利的科技尖刀，也是一把双刃剑，当这把双刃剑应用在公安领域时，它关乎社会上每一个人的安全和利益，甚至关乎社会的和谐与稳定。区块链刚刚盛行，法律法规延后。现在的区块链缺乏监管、没有标准、野蛮生长。在公安区块链的使用中，务必注重制度建设和管理、加强技术引导和规范、强化自主创新和应用、做实安全防护和责任。

区块链技术是多种技术的集成，其中一些底层的加密算法和共识机制是美国研发的，我国在使用区块链时，切忌走照搬照抄、修修改改的老路，一定要舍得时间和资金的投入，广纳人才，严格创新，做好科学顶层设计，依法落实区块链管理，让这项新技术安全有序地落地，在公安领域开花结果。

可以确定，公安区块链的春天是真的来了。

# 第 9 章

## 区块链的公安实战应用

## 9.1　区块链思维改进公安行业的服务水平

和很多研究区块链的人一样，我在几年前接触比特币时，第一印象是觉得这就是一个炒作的概念，甚至是非法集资，因而对区块链并不看好。2017 年，被公安部派往杭州市公安局工作的两年时间里，杭州这个互联网之都让我有机会重新研究了区块链技术，我逐渐认识到，区块链不单是一种技术，更是一种思维。

区块链存在最大的意义是构建一个崭新的网络社会，构建一个新的经济体系和生态系统。在这里，人人平等、自我约束、自我激励、合作共赢。当区块链与任何一个行业领域交叉融合，新的思维方式都会带来行业质的飞跃，并建立新的信用机制。区块链思维势必深入每一个传统行业领域，并对传统行业进行改造和提升。

那么，对于公安行业呢？

相较于其他行业领域，公安工作有其独到的特点。这是一个执法部门，按国家赋予的权力开展工作，依法保卫国家安全和维护社会治安秩序。这些特点决定了这是代表了统治阶级意志的特殊部门，必须是中心化占主导的领域。这种行业也能用区块链思维来改造或改进吗？

公安工作不仅具有阶级性，而且还有社会性；不仅具有隐蔽性，而且还要与公开性相结合。公安机关除了同违法犯罪做斗争，还担负着大量的社会管理工作。也就是说，公安机关的工作是要面向每一个人的。从这些行业特点的角度看，公安行业恰恰是区块链落地最佳的应用场景，区块链技术也必将改进公安行业的服务水平。

第一，公安工作涉及百姓生活的方方面面。公安机关高高在上的形象不适合新时代党对公安队伍建设"对党忠诚、服务人民、执法公正、纪律严明"

的总要求。坚持以人民为中心的发展思想，就是要求我们与人民群众平等相对，恰似网络上平等的节点。在这个网络上，拥有大量的个人用户节点，用户的每一步操作都是主动对网络及网络上的信息实行维护和建设。公安工作旧的管理思维和管理意识无法满足新时代的要求，势必被先进的治理思维所淘汰。这既是去中心化思维最好的体现，也是区块链项目最基本的需求。

第二，公安工作涉及大量的数据和隐私。数据安全，尤其是涉及百姓的个人数据隐私，逐渐被重视起来。个人实名制信息、证照信息、视频影像、人脸数据、指纹数据、位置信息、通讯录等，都是涉及群众切身利益的关键。在传统的网络架构中，公安机关成为这些个人数据的拥有者、使用者和责任者。但在信息化的建设应用过程中，不可避免地会或多或少地流入技术公司的手中，从而成为安全隐患。对个人隐私数据安全保护的强烈呼唤是公安区块链落地最大的需求。

第三，公安工作涉及多终端物联网安全。公安信息化安全的重要意义毋庸置疑，随着公安信息化不断纵深发展，各类终端层出不穷。手机、平板电脑、笔记本电脑、计算机、服务器、机器人、摄像头、证照一体机、可穿戴设备、无线图传、无人机、物业车辆等，这些终端目前有的尚未联网，有的联网却分散于不同的网络之中。安全的标准和策略各不相同。未来，公安机关将会形成统一的物联专网，统一数据、统一应用、统一安全。目前，已有一些省份公安机关开始着手以视频专网为基础，整合公安物联网的探索。区块链技术与物联网似乎是天生的一对。在物联网里，区块链将不可避免地拥有重要一席，从而高效安全地解决信任、身份、鉴权、保密、安全等问题，区块链技术将成为连通公安信息化的基础设置。

第四，公安工作涉及内部协同共赢需求。公安机关是执法部门，工作的首要依据就是法律体系和规范流程。智慧警务首要的任务就是协同，不仅要协同研判、协同办公，而且还要协同办案、协同指挥、协同政务、协同侦审……趋势是协同一切。同时，一起案件从信息到线索、从立线到立案、从研判到侦查、从破案到考核，每个过程都涉及每个办案民警的切身利益，如何公平地确定贡献度、如何公正地进行战果分配、如何公开地科学考核评分，这些制度都极大地影响着民警的工作效能。区块链智能协同的思维、共识共赢的机制是保障内部协同共赢需求最好的技术支撑和思维支撑。

公安行业应积极拥抱区块链技术和思维理念，为创建智慧警务开启新的篇章。

# 9.2  公安区块链建设应用的前提

我们知道，区块链并非完美，比特币的一些缺陷，区块链也基本存在。

例如，区块链对数据处理的能力不强，每个节点都有完整数据备份带来的冗余存储和数据安全的问题。举个例子，目前淘宝是 B/S（浏览器/服务器）架构，海量的数据存放在淘宝服务器集群机房里，10 亿消费者通过浏览器到淘宝服务器网站获取最新信息和历史信息。如果用区块链技术，就是让 10 亿人的个人计算机或手机上都保留一份淘宝数据库，每发生一笔交易，就同步给其他 10 亿用户。相当于同时建立了 10 亿个淘宝网站。这是完全无法实现的。

任正非在 2019 年 11 月抛出了"区块链无用论"，说区块链在量子计算面前一钱不值。他的话并不是危言耸听。谷歌于 2019 年 9 月 20 日宣称完成量子霸权实验。结果显示，一个当今世界上最快的超级计算机耗时 10 000 年才能完成的复杂计算，量子处理器只需 200 秒。比特币使用的哈希 SHA256 等加密算法，理论上超出了现在穷举的范围，但却可以被未来的量子处理器轻松破解，比特币号称的不可篡改和绝对安全将不攻自破。量子霸权成为悬在虚拟货币头上的一把达摩克利斯之剑。

所以我们说，区块链一定是有用的，但"区块链+"并不是"+一切"。区块链并不适用于所有领域。目前，很多应用是为了用区块链而蹭热度。

那么针对公安工作呢？如何发挥区块链技术不可替代的优势，而避免其缺陷呢？

首先，在全国上下大力开展大数据建设的背景下，聚焦新的技术，需要领导的高度重视，需要大力投入人才、资金和资源。其次，从互联网思维到大数据思维到区块链思维并不矛盾，而是波浪式前进和螺旋式上升的，为复杂多变的公安需求提供了看问题、想办法的全新的切入角度和思考路径。另外，我们需要科学地看待区块链技术，用冷静的目光审视区块链热，去伪存真。不能止步不前，更不能一拥而上。同时，我们必须分析把握区块链与公安应用相结合的原则。

## 9.3　公安区块链建设应用的原则

开展公安区块链建设应用，应掌握以下 5 条原则。

（1）区块链的"链"是联系相关节点和所有参与者的纽带，可以是货币流，也可以是信息流。所以，任何信息都可以使用区块链技术。

（2）同时，区块链不会改变行业的根本属性，改变的只是其数据存储和处理的方式，带来更安全、更平等、更便捷的服务。

（3）区块链的特性是公安实战应用的主要场景。例如：去中心化、无法篡改、可追溯性、跨网通用、全程透明、高可信度，所以区块链在公安的应用，只要涉及存证、信任、协同、不可篡改、物联网安全等特点，就都是可用的。区块链中的数据区块顺序相连构成了一个不可篡改的数据链条，时间戳为所有的数据信息贴上一套不可伪造的真实标签，可以实现数据交易记录全网透明、不可篡改和可追溯，有助于解决数据追踪和信息防伪问题，这对于现实生活中打击假冒伪劣产品和伪造虚假信息有着极其重要的意义。

（4）为了避免区块链的弊端，公安应用和政务应用以实名制的联盟链为主，并在此基础上研发自主知识产权的关键技术。区块链可以实现数据不动模型动，可以实现分散下的数据集中操作，各分散场景通过节点来提供数据，区块链在需要互相协助的场景下，可以通过信任来共享数据，实现政务的方便。

（5）没有区块链技术，所有应用都可实现，目前很多公安区块链是为了区块链而区块链。公安区块链真正的意义主要是解决以下问题：信任、成本、安全、便民、共享、协同。没有这些急迫的需求，不要为了区块链而区块链。

# 9.4　公安应用上链的依据

随着公安信息化的不断纵深发展和区块链的成熟应用，越来越多的选择摆在我们面前，到底什么样的公安应用可以选择上链，什么样的应用不能上链呢？公安应用在上链之前必须经过科学论证，避免错误上链和无效上链，坚决杜绝为了上链而上链。科学上链可以获取用户信任、高效安全，从长远看省时省钱；盲目上链会导致低效应用、功能弱化，巨额的投入将得不偿失。

从公安实战需求出发，分析工作中面临的痛点和瓶颈，科学判断区块链是否能解决关键问题，遵循以下依据，综合评价是否应该上链。

（1）是否有搭建去（弱、多）中心化体系架构的需求。

（2）是否有实现数据的防篡改和可追溯的需求。

（3）是否有通过价值的可信流转实现公安目标的需求。

（4）是否有通过共识机制智能合约实现科学奖惩的需求。

并不是必须同时满足4个条件，但要满足其中至少一个条件，而且是刚性需求。优化公安业务，避免伪需求。认清我们要突破的瓶颈，论证上链的必要性和可行性。

# 9.5 公安区块链建设方法和步骤

公安区块链因其行业领域的特殊性，在进行系统建设时，要重点考虑以下方法和步骤。

## 9.5.1 需求分析

按照9.3节和9.4节的内容，充分论证分析项目建设的业务需求、用户需求和功能需求，这三种需求环环相扣，是一种自上而下的需求流。做好需求分析，是科学顶层设计的前提和基础。

1. 业务需求

公安业务需求（professional work requirement）和其他软件系统设计的业务需求并不完全相同，因此，这里使用的英文是 professional work requirement，而不是传统计算机专业中所使用的 business requirement。公安工作涉及百姓生活和国家治理的方方面面，警种多、业务杂，每个业务自成体系，各业务之间又相互联系、相互依赖。同时，从部局、省厅、市局自上而下的条线，以及横向各业务之间的条块矛盾无处不在。各业务之间又存在着不同程度的交叉融合和协调一致的问题。同时，公安业务必须在法律法规或者部门规章流程的框架内运转。公安工作的多样性、对象的多变性、流程的复杂性决定了公安系统建设的业务需求是一项极为复杂的综合工程。业务需求是甲方（用户）从工作的实际需求出发对系统、产品高层次的目标要求。在设计中，我们需要整理不同用户的需求和不同视角的要求，然后跳出框架，站在一个更高层面重新梳理业务流程。

公安业务需求的设计决定了系统建设的科学定位，不再着力于业务的数据化，而更应该谋划数据的业务化。信息化是权利的再分配，也是流程的再优化。不但要把所有需求串联起来，更要重新梳理数据流、信息流和业务流，并发现潜在冲突，努力平衡需求。搞清楚为什么要开发一个系统，希望达到的目标，厘清业务的痛点和难点，以及需要解决的技术瓶颈，才能在全局视角下设计出不同的场景和不同的需求。

2. 用户需求

用户需求（user requirement）描述的是用户的目标，或用户要求系统必须能完成的任务。首先要剖析用户的类别，并针对不同的用户分析该用户使用这个软件的需求。例如证照系统，作为警方用户，需要便捷获取证件信息，开展相关工作；作为百姓用户，希望足不出户就可以办理各种证件，老年人也能轻松使用，可以确保个人信息的安全性。这就是不同用户的需求，把 user requirement 编成一个个的 use case 或者 user story，是业界通用的好方法。可以从不同的视角审视用户需求。

用户需求包括正向需求和反向需求，能否把所有的用户视为平等的节点是进行区块链设计的关键。这些用户要在链上达成利益一致并形成一定的共识，从而满足每个角色用户的基本需求。

3. 功能需求

功能需求（functional requirement）是为了实现业务需求和用户需求而设计的必须实现的软件功能，用户利用这些功能来完成任务，满足业务需求。

功能需求包括底层算法、模型设计、功能模块、技术细节、数据处理、流程优化、界面设计、文档说明等，同时满足系统的性能需求、安全性和可靠度等要求。对于公安区块链的系统设计，首要的功能需求就是设计出系统的共识机制、挖矿机制、宪法合约、激励机制、Token 价值体系、交易流程和数据安全机制，在此基础上，列出系统要实现的大功能模块，每个大功能模块细分为哪些小功能模块，列出相关的界面和界面功能。设计好的功能需求要交业务人员和用户再次确认。

业务需求和用户需求只有经过需求分析的转化，变成产品的功能需求后，才能得到实现。

## ■9.5.2 软件设计

1. 概要设计

区块链系统环环相扣、逻辑严谨，这是区块链的生命力所在。我们在设计区块链系统时，务必确保流程的严密和逻辑的严谨。为了使区块链系统更加符合逻辑，先要对系统进行概要设计。概要设计的目的是分析系统的基本处理流程、系统的组织结构、模块划分、功能分配、接口设计、运行设计、数据结构设计和出错处理设计等，为软件的详细设计提供基础。业务需求和用户需求以及转化生成的功能需求是概要设计的基础。

2. 详细设计

在概要设计的基础上进行系统的详细设计。顾名思义，详细设计是足够详细的设计，描述了实现具体模块所涉及的主要算法、数据结构、类的层次结构和调用关系，说明系统各个层次中的每一个程序、每一个模块、子程序的设计考虑，以便进行编码和测试。编程人员根据系统详细设计报告对数据结构、算法分析和模块实现等方面的设计要求，轻松实现编码。从而实现对目标系统的功能、性能、接口、界面等方面的要求。

3. 设计流程

公安区块链系统需要将传统系统设计整合上链。

首先是进行底层区块链选型，根据需求分析和技术研发能力选择适合的区块链形式。区块链按技术分为公有链、私有链和联盟链三类，公有链是完全去中心化的链，具有高度的开放性，在公安领域中可以用于记录完全公开、透明的数据信息；私有链是对个人或者特定实体进行开放的区块链系统，具有高度的保密性，在读取数据中权限受限，只能读取相关节点的数据，有效保护了数据信息的安全，可以用于记录公安人事和警用设备；联盟链由多个中心控制，采用共同分布式记账的方式，再根据共识机制协调工作，可以应用于公安领域中跨警种、跨部门的协同作战。公安领域是一个相对特殊的领域，而区块链的公有链、私有链和联盟链的应用完全符合公安各警种间相互独立又相互联系的特殊情况。对于公安区块链，一般情况下推荐使用联盟链的形式，当然，针对面向百姓的服务型系统，可考虑公有链形式；针对完全内部使用的系统，可考虑私有链。

其次是在上述基础上设计好链上生态模型，建立一个让所有用户都能达成共识的机制，由此设计一个挖矿机制。相较于比特币比拼算力做毫无意义运算的挖矿机制，我一直致力于研判即挖矿的新型挖矿机制，并取得了理论上的突破。由此，公安区块链可以有效地摒弃资源浪费，取而代之的是人机协同研判，因此形成共识机制展开挖矿，既能维护系统安全，又能节约资源，还能调动民警研判的积极性，可谓一箭三雕。

再次是进行链上节点及社区的建设和打造，设计实现价值的交换和链上自主建设。使用代币，进行社区的激励，把各类别用户从普通用户上升到主人翁层级。发挥区块链的优势，让用户愿意在其中贡献自己的力量，并形成价值，从而把传统的数据变成价值化，用户在链上进行价值贡献、交换，以实现传统业务的区块链改造。

最后是大量技术开发阶段。区块链产品的开发难度比传统系统建设大得多。

## ■9.5.3　系统测试

测试编写好的系统，在真实环境中安装测试，进行功能测试和性能测试。

完成开源程序安装、系统上链、数据转换、数据指纹等上链前的准备工作，形成数据字典说明、用户使用指南、需求报告、设计报告、测试报告等材料。

# 9.6　公安区块链的价值目标

如图 9.1 所示，通过完成的体系架构建设，公安区块链的目标是实现去中心化体系架构、数据的防篡改和可追溯、价值的可信流转，以及科学奖惩的激励机制。其中，最重要的是价值的可信流转。也就是通过公安区块链的建设应用，将传统公安工作中线索的传递、数据的共享、任务的分配等升级为价值的可信流转，变民警的被动行为为主动拥抱。

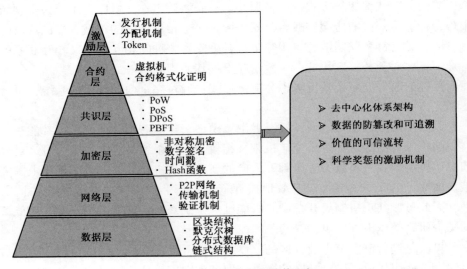

图 9.1　公安区块链的价值目标

# 9.7　数 据 上 链

公安区块链设计、建设之后，数据上链是开展区块链应用的第一步，也是最为重要的一步。相较于复杂但开源的区块链程序，数据上链是未来为公安信息化服务的重要窗口。

## ■ 9.7.1　什么是数据上链

数据上链就是把需要上链的数据通过共识机制打包形成一个又一个新的区

块，通过链接形成区块链，实现数据的不可篡改、不可滥用和可追溯等目的。

通过前面的学习，我们知道，以比特币为例，所有的交易数据都上链，会带来极大的重复冗余。面对公安系统安全性很高、动辄几 PB 的数据，难道都要上链吗？并非所有公安数据都适合上链，数据在上链之前要进行严格的梳理和设计，根据数据价值和敏感性确定分级，综合判断是否需要上链。

### ■ 9.7.2　数据上链的方式

其实，数据上链有很多种方式，符合公安业务系统特点的上链方式主要有以下几种。

1. 全量上链

全量上链的方式和比特币类似，就是所有数据全部上链。当数据量不大且需要公开的时候，可以使用全数据上链的方式。例如，在捐赠、公证、版权等方面。

2. 加密上链

全量上链简单、方便，可以确保上链数据无法篡改，并全程追溯。但这些数据公开透明，所有节点全复制，如果数据涉及隐私或需要保密，就不适合了。这时可以使用加密上链的方式，即把数据进行加密之后再存储在区块链之上。例如在证据保存、个人证照等方面，通过数据加密确保数据安全，分块上链。当需要查阅使用时，下载比对再解密使用。

3. 数字指纹

无论全量上链还是加密上链，都是所有数据直接存储在区块链之上。这种方法在面对以公安大数据为基础的信息化建设时，显然无法适应。几 PB 甚至更多的数据完全上链，各节点复制，从任何一个角度看都是不符合公安需求的。这时可以充分利用默克尔树原理（参见 5.2 节和 5.6.1 小节），把数据内容的哈希值进行上链存储。无论一行话单信息或一个卡口视频文件，通过哈希运算得到的哈希值长度是固定的。例如，使用 SHA256 运算得到的哈希值是一个 256 位的字符，这样的数据存储上链毫无压力。系统可以自动比对哈希值验证数据或文件是否被篡改。例如，开发基于区块链的警综系统、毒综系统等，都可以使用这种方式。

4. 指纹链接

使用数字指纹的方式轻松地解决了数据量的问题。不过，数字指纹能知道数据是否真实有效，但不能知道数据的内容是什么。指纹链接就是在数字指纹的基础上再加一个链接字段，也就是 URL（统一资源定位符）地址，这样区块链上就存储了"数据地址+数据哈希值"。链接地址和指纹哈希值相互印证，从而实现了像在本地一样简便地使用数据。也就是说，可以无缝地将公安大数据和公安区块链（详见 9.8 节）这两个似乎不可融合的技术整合在了一起。例如，开发基于区块链的情报协同或情报研判系统、数字身份鉴权等，都可以使用这种方式。

数据上链的方式有很多，以上 4 种是在公安区块链中常用的方式。根据不同的实战应用场景和业务需求，还可以更加灵活地配置数据上链的方式。

### ■9.7.3　数据上链的意义

数据上链具有以下意义。

（1）强化数据安全。区块链的本质是一套基于分布式数字账本的数据存储技术，数据上链后，区块链将数据分割成许多块，存储于链上各个节点，任何人无法篡改或删除，数据的安全性将得到前所未有的强化和提升。为了保障加密后的数据依然不能随意复制，还可以使用数据分片的技术，把数据块分布在不同的节点上。分片后，所有数据是分割成块的文件，这些文件分开存储，有效确保任何节点都不可能访问全部块文件，这会让数据变得极为安全和稳定。再使用私钥加密，其他节点都只能保证数据的安全，却无法查看数据。

（2）保护数据隐私。数据上链后，对于涉及个人隐私的数据，可实现必须通过本人授权才能访问，确保个人拥有数据所有权，可以极大地保护个人隐私数据。

（3）降低信任成本。数据上链后，通过构建可信的数字身份，人与人、节点与节点之间的交易或者协作因不需要考虑信任而变得异常简便。

（4）提升数据效率。随着数据量的倍增，公安云不断壮大。数据访问变成了一种资源，甚至权限。系统的每一步操作都要与云中心进行交互，数据访问可能出现延迟、拥堵。而区块链使用的是节点网络，利用遍布各地的节点来存储和管理数据。节点进行数据访问时，可以从离它最近、最快的节点开始并行搜索，数据访问的延迟、拥堵等现象可以得到有效缓解，数据传输速度得到了有效提升。

（5）数据价值倍增。用户可以通过分享数据产生价值。也就是说，在云里，数据即价值；在链上，数据分享再次产生价值。在链上，数据即资产，数据被使用、被交换、被分享的过程中可以产生价值，并回馈给用户。

不同的系统、不同的需求，数据上链的方式也不相同。对于公安区块链，大部分数据上链需要严格审核，并必须由专业人员操作，明确数据上链的内容、类型、字段，并不是所有数据简单存储，也不是谁都能把数据上链。例如，对于有些公安数据，只有特定类型或字段可上链，其余部分则不能上链。即便上链，用什么方式上链、如何生成数字指纹都是较为复杂的操作。随着链上数据越来越大，节点越来越多，上链的压力逐渐加大。系统运维的日志也需要上链，从而为系统增加一个不可篡改的黑匣子。目前，数据上链已成为一个专业的服务项目，迅速发展壮大。

# 9.8　区块链与大数据的关系

很多朋友不禁会问，我们一直在搞大数据建设，现在又要搞区块链，区块链和大数据是什么关系呢？大数据是数据汇集、中心化趋势，而区块链是去中心化，两者是否矛盾，又是否可以替代呢？我们一起来解读一下大数据与区块链的关系。

首先要告诉大家的是，区块链和大数据不是矛盾的关系，更不会替代，而是相互补充的关系。

大数据主要是对海量数据进行管理、挖掘、展现，而区块链是在没有中心化介入的情况下对数据的安全管理。

大数据是数据密集型计算，需要巨大的分布式计算能力。区块链是纯粹意义上的分布式系统，是技术的升级与补充。

两者完全是不同场景下对数据的不同解决方案。其具体区别和联系如表 9.1 所示。

**表 9.1　大数据与区块链的区别和联系**

| 项　　目 | 大数据 | 区块链 |
| --- | --- | --- |
| 技术共性 | 数据管理技术 | 数据管理技术 |
| 处理对象 | 海量数据 | 关键数据 |
| 解决方案 | 提高性能、深度挖掘 | 防篡改、去信任 |
| 计算模式 | MapReduce 把一件事分给多个人去做 | 共识机制（PoW/PoS/PoX）让多个人重复做一件事 |
| 数据格式 | 多种数据格式 | 单一块链格式 |
| 数据类型 | 结构化/半结构化/非结构化（>95%） | 单一结构化 |
| 网络架构 | 服务器集群 | P2P 网络 |
| 价值体现 | 从数据中挖掘价值 | 数据本身就是价值 |
| 数据去向 | 沉淀 | 永生 |

| 项　目 | 大数据 | 区块链 |
| --- | --- | --- |
| 存储地址 | 云服务器 | 整个网络 |
| 数据安全 | 依赖中心服务器 | 绝对安全 |
| 数据质量 | 一般 | 卓越 |
| 认同方式 | 相信数据，用数据说话 | 相信程序，代码即法律 |

（1）大数据和区块链都是一种对数据进行管理的技术，但它们处理的对象不同。

（2）大数据可以对海量数据进行管理、分析、挖掘，而区块链对数据管理的能力远没有大数据强大，因此，主要管理关键数据。

（3）大数据主要的计算模式是 MapReduce，思路是把一件事分给多个人去做，效率自然成倍提升，可以开展深度挖掘；而区块链则是使用共识机制（PoW/PoS/PoX），思路是同一件事让多个人重复去做，因此效率虽然不高，但安全性好，防篡改、去信任。

（4）两者的技术架构也不一样。大数据可以处理多种数据格式和所有的数据类型，尤其是非结构化数据将越来越多，超过全部数据量的 95%。如此大量的数据，数据质量参差不齐，一般用云服务器（集群）进行存储，属于中心化架构；与之相对，区块链一般处理较为单一的块链格式的结构化数据，数据量不大，数据质量非常好，使用 P2P 网络，数据存储于整个网络的所有节点，多次重复复制，属于典型的去中心化架构。

（5）从数据的价值体现上，可以看出两者最大的区别。大数据通过运算，从数据中挖掘价值，数据不断沉淀积累。数据不会说谎，大数据相信数据、用数据说话。区块链则并不需要挖掘，因为数据本身就是价值，数据永存网络，得以永生。智能合约让人相信程序，代码即法律。

（6）两者的安全性也大不相同。中心化架构的数据安全严重依赖中心服务器的安全；区块链则因其独特的设计和严密的逻辑而可以做到数据的绝对安全。

（7）区块链提供的是账本的完整性，数据统计分析的能力较弱。大数据则具备海量数据存储技术和灵活高效的分析技术，极大地提升了区块链数据的价值和使用空间。

总的来看，两者不但互不冲突，而且是技术上的互补。我们要把大数据和区块链结合起来服务业务需求，就是让专业的技术做专业的事。多种类型的海量数据交给大数据处理，大数据解决不了的安全、信任的事，交给区块链来做。大数据+区块链，通过把大数据与区块链相结合，能让区块链中的数据更有价值，也能让大数据的预测分析落实为行动，它们都将是数字经济时代的基石。

区块链即服务主要是由微软、IBM 两个巨头提出的概念，说白了它其实就是一种新型的云服务，一种结合区块链技术的云服务。例如，微软的 Azure 云计算平台、IBM 的 Bluemix Garage 云平台都提供区块链即服务。

区块链即服务是微软、IBM 这些企业从自己的云服务网络中开辟出一个空间，用来运行某个区块链节点。与普通节点和交易所节点相比，BaaS 节点的用途主要是：快速建立自己所需的开发环境，提供基于区块链的搜索查询、交易提交、数据分析等一系列操作服务，这些服务既可以是中心化的，也可以是非中心化的，用来帮助开发者更快地验证自己的概念和模型。

而 BaaS 节点的服务性体现在：工具性更强，便于创建、部署、运行和监控区块链。

现在很多区块链项目对于存储数据也是采用这种思路，基本都是哈希值上链，就是将内容文件进行哈希运算得到哈希值，将这个哈希值存到区块链中，而将原文存到某一台中心服务器，当要使用原文时就到链上取到对应的哈希值，然后使用相同的哈希算法计算出哈希值，接着对比这两个哈希值来判断原文是否被修改过，通过这种做法间接保证了原文数据的不可篡改性。至于为什么不直接原文上链，是因为原文的数据比较大。如何有效存储庞大的数据是当前区块链面临的问题，但是随着时间的推移，相信会有成熟的解决方案。

# 9.9　公安区块链的安全问题

区块链技术的先进性在于它无懈可击的逻辑性，它的可追溯性、不可篡改性、公开透明、去信任、安全等特性可有效解决传统模式下无法解决的许多问题，甚至可以实现从信息互联网到价值互联网的升级，被视为最安全的网络结构。但这不代表区块链就不存在安全问题。其实，中心化不是绝对的不安全，去中心化也不是绝对的安全。因为在中心化系统中，当出现问题时，我们可以集中力量，重点防护；但在去中心化系统中，虽然出现安全问题的可能性大大降低，可是一旦出现问题，我们难以逐一防护。

我们在公安工作中引入区块链技术的时候，要充分考虑到以下几方面的安全问题。

（1）网络设备的硬件安全，包括交换机、路由器、存储设备、内存、

CPU、GPU 等涉及网络系统的硬件设备，面临着物理破坏、网络攻击、数据丢失和安全泄密等风险。

（2）密码算法的软件安全。区块链开发的过程中，面临着如何与公安原有系统对接、数据迁移上链、云链融合等诸多问题。尤其是数字签名等加密算法，因其难度大，民警难以逐行代码校检，易造成漏洞，易留置后门，将极大地影响系统的安全性。

（3）共识协议的机制安全。公安区块链的开发，以面向应用和实战为原则，参考但不能简单套用 PoW 等共识机制，不同的系统有可能创新共识机制，以实现基层实战或百姓需求。在共识机制、智能合约等算法的编写和实现上，一旦逻辑产生漏洞，将带来流量攻击、恶意节点、数据被盗等机制方面的安全问题。

（4）黑客攻击的系统安全。大型区块链，如比特币，因有挖矿机制的庇佑，可有效抵御黑客攻击。但公安区块链多是运行在公安网或互联网上的联盟链，不是纯正的去中心化网络，更像是一种多中心化或半中心化的网络架构，在黑客有组织的攻击行为面前，区块链的系统安全将承受巨大的考验。

区块链作为一种新的技术手段，与公安工作的结合才刚刚起步。随着建设应用的不断深入，我们将面临更多的安全挑战。依托科研力量，为公安科技信息化保驾护航才是正确的选择。

# 第 *10* 章

## 公安应用案例设计

北京、上海、广州、深圳、杭州等地已开展了区块链应用的先行先试，区块链企业已达 500 余家，建立了 20 多个产业园，BATJH（百度、阿里巴巴、腾讯、京东、华为）等国内大公司率先布局。阿里巴巴以阿里云为基础，部署了结合区块链的 BaaS 平台；京东自主研发区块链服务平台智臻链，协助部署商品防伪追溯主节点；华为升级华为云，提供公有云区块链服务……

尤其是央行出台法定的 DCEP（digital currency electronic payment），即数字货币和电子支付工具，是区块链技术在金融领域的重大应用。DCEP 号称不是区块链的区块链，其功能属性与纸钞完全一样，只不过是数字化形态。DCEP 使用了区块链的一些技术特性，具有法偿性、可追溯性、双离线支付、匿名性等一系列特点，可以在无网的状态下完成交易。虽然 2019 年央行一个月内两度辟谣未发行法定数字货币（DCEP），谨防诈骗和传销。但近几年央行的招聘信息显示，央行正在高薪招录大量区块链研发人员。2020 年，央行在深圳、苏州、雄安、成都封闭试点测试，将 DCEP 应用于运输、教育、医疗、保健等领域。虽然 DCEP 存在不计息，预示着负利率可能、假匿名，预示着无隐私可能等让百姓担心的问题，但区块链技术在金融领域的应用已经无可阻挡。2020 年 8 月 14 日，商务部印发《全面深化服务贸易创新发展试点总体方案》，在"全面深化服务贸易创新发展试点任务、具体举措及责任分工"部分提出：在京津冀、长三角、粤港澳大湾区及中西部具备条件的试点地区开展数字人民币试点。国家发展和改革委员会已将区块链技术纳入新基建清单，这标志着万亿级的区块链产业将扑面而来。

现在，懂技术的人拿着区块链找应用；以后，有需求的人拿着应用找技术。

那么该如何做好"区块链+"呢？做好"区块链+"，是指用好区块链思维理念，辅以区块链技术，优化传统业务，实现产业变革。就像我们熟悉的"互联网+"，是要把整体产业架构布局到互联网上一样，"区块链+"也是要从底层架构开始布局到区块链上。如果把某一个功能、某一个环节上链，那就是"+区块链"，这是两种不同的形态。从目前区块链的应用来看，"+区块链"也是主动拥抱区块链的方式，可以解决某一个环节的迫切需求。最终实现"区块链+"的目标。

# 10.1 民 生 应 用

探索"区块链+"在民生领域的运用，是党中央对我们提出的明确要求。未来几年区块链技术将在物联网、身份认证、证照办理、物流管理、公证审计、商品防伪、食品安全、网络安全、数据存储、数据鉴证、金融交易、资产管理、公共记录等多个领域大显身手，彻底改进这些领域服务民生的流程和模式。公安工作与民生息息相关。我们分别从食品安全、产品质量、民事纠纷、金融信贷、版权保护、证据固定、出租屋管理和保险理赔等方面举例看一下区块链技术在民生领域的广泛应用。

## ■ 10.1.1  可追溯特性的应用实例

区块链可追溯的特性在物流配送领域具有天然的应用前景。通过区块链可以降低物流成本，追溯物品的生产和运送过程。未来，每个人发送的快递物流都可以随时查询，再也不会出现延误、调包、丢失、推脱等矛盾纠纷了。

货物供应也因区块链的加入而变得全程可溯源。我们买的大米、蔬菜等，是哪里生产的、哪天配送的、物流过程、是否绿色、是否使用农药等所有信息一目了然，无法作假。老百姓吃得安心，食品安全问题迎刃而解。

同样的应用，假货也将无处藏身。加利福尼亚州山景城的创业公司Skuchain 使用区块链技术优化供应链系统，可以追溯到每个产品的原材料和库存信息，可以更好地阻止假冒伪劣产品进入市场。以后我们买的箱包是否是仿品、药品是否是假药、酒是否是假酒等都可实现倒查。由于使用了区块链技术，现在的针对防伪数据库做手脚的方法将完全失灵，从根本上杜绝了做假的可能性。甚至还可以对每件商品的原材料等信息进行检索和追踪，如装修材料是否环保等关系到民生的问题都将找到解决方案。以后老百姓再也不会投诉无门，"3·15"晚会也可以更换关注重点了。

同时，利用区块链可追溯的特性还可以预防腐败。例如，乌克兰基于区块链技术建立了一个拍卖网站，通过该平台以更加透明的方式来销售和出租国有资产，避免此前的腐败和欺诈行为的发生。在区块链技术的加持下，政府的每一笔花销都将可追溯倒查，贪污腐败的难度和风险将极大提升。

## ■ 10.1.2　去信任特性的应用实例

随着新冠疫情对美国经济造成严重的影响，美联储将继续执行零利率至2022 年，目的是刺激经济，迫使民众把钱从银行取出来，或者投资或者消费。在传统的情况下，这个办法十分奏效。美国民众迫于无奈，只能把钱投入股市或者实业。但在区块链的世界中，这个规则可能就要重写了。假如有这样一家中国的工厂，它把自己的企业放在了区块链上，并形成透明的智能合约，约定只要满足一定条件，参与投资的人就可以得到 20% 的利息。那么美国人即便根本不知道这家工厂，更不了解它的运营模式，也可以无风险投资。他可以直接投资这家工厂的合约，也可以投资一个区块链融资组合合约。如果越来越多的美国投资者都参与进来，美国的如意算盘很可能因为区块链的新模式而落空。这在传统的模式下是不可想象的。

社会运转过程中，为了实现信任而付出的时间成本和风险代价是极其昂贵的。一旦从技术上保证了数据的真实性和可信性，就可以打破传统思维逻辑，破解中小企业的融资难题。尤其是在国际金融结算方面，由于国家与国家之间缺乏信用中介，无法便捷地开展中心化清算。将区块链技术应用在金融行业中，可省去第三方中介环节，实现点对点的对接，从而在大大降低成本的同时，快速完成交易支付。

同时，区块链技术还可用于解决现实生活中的很多难题。例如，目前流行的电子发票重复报销问题，居民医疗健康信息上链，解决检查结果各医院互认难题等。

## ■ 10.1.3　防篡改特性的应用实例

号称互联网之都的杭州在区块链技术的创新实践过程中，一直走在探索应用的前列。全国首例区块链存证获法院认可就在杭州。这起案例针对网页侵权难以取证的特点，应用了区块链无法篡改的特性，借助保全予以取证，替代了简单截屏这种极易造假不易被法院取信的证据，获得杭州互联网法院的支持。在这起案件中，原告发现侵权网页后，马上使用了基于区块链技术的保全网进行取证保全。保全网将侵权网页源代码、页面截图、网页取证保全书、日志文件、完成网页取证的服务器和时间等相关信息打包加上时间戳后，进行哈希运算并上链。这个哈希值就相当于证据唯一的识别码，无法被篡改。2018 年9 月 7 日起施行的《最高人民法院关于互联网法院审理案件若干问题的规定》第十一条明确规定："当事人提交的电子数据，通过电子签名、可信时间戳、哈希值校验、区块链等证据收集、固定和防篡改的技术手段或者通过电子取证存证平台认证，能够证明其真实性的，互联网法院应当确认。"在此之前，网页侵权是很难取证的。因为侵权主体随时可以更改自己的页面内容，而受侵害方只能通过截屏来维权，不但难度大、时间长，成本至少上万元。而通过区块链技术进行页面保全取证后，取证只需要一分钟，成本下降到几元，对页面侵权行为造成极大的震慑，从而保护了知识产权。

通过区块链技术，可以更进一步地对知识产权进行主动保护。将受保护的作品进行鉴权，记录文字、声音、图像等信息，并加密上链，完成确权。当后续侵权行为发生时，可以实时记录，并进行司法取证。因而数字版权领域高度重视区块链技术应用，一些唱片公司相继上链，借区块链保护版权。

区块链不可篡改的特性，在认证、公证及证照办理使用方面也有巨大的优势。例如，美国旧金山的专业技能培训机构霍伯顿学校（Holberton School）[1]利用比特币区块链技术向全球学生颁发学历证书，解决了学历造假等问题。

## ■ 10.1.4　智能合约的应用实例

智能合约就是可编程的合约，是区块链2.0的标志。合约关联各方的数字资产，约定好各方的权利、义务，只要满足合约的触发条件，就自动执行合约内容。整个过程无人可挡，也无人能改。这个特性在民生的很多方面具有极其广泛的应用，可以避免很多民事纠纷。

例如，智慧小区的出租屋管理中，房屋租金的纠纷就可以用区块链技术解决。智能合约可与出租屋智慧门锁、双方账户授权关联。根据双方约定，可自动发送房门密码，自动续交房租。提前退租等违约行为按照约定都可自动执行。

另外一个纠纷比较多的领域就是保险行业。保险行业的互信程度非常低，投保人可能会隐瞒实情，保险公司为了降低风险会设置各种条件并提高保费。一旦发生需要理赔甚至骗保情况，处理纠纷需要耗费大量人力和时间。同时，投保人也往往认为自己的合法利益没有得到保障。在这种情况下，智能合约的加入，会实现只要触发理赔条件，保单自动理赔，大大简化了流程并避免了纠纷。随着智能汽车的普及，智能合约还可以关联车载传感器，根据车联网的数据，自动触发车险理赔。

智能合约还可以在债券、工资、商业合同、投票选举等各方面大放异彩。

---

[1]　https：//www.holbertonschool.com/

# 10.2　便 民 服 务

通过以上介绍，似乎区块链无所不能，大有放之四海而皆准的趋势。事实上，如果放不准，不但体现不了实用价值，反而会适得其反。

某市在智慧公安 APP 中上线了区块链证照服务。其中，居民身份证、居民户口簿、结婚证、驾驶证、公积金、电子社保卡、行驶证都实现上链。以居民身份证上链为例，每张证件均生成唯一标识的哈希值作为区块链存证依据，人们可以查看证照上链信息，包含签发机关、有效期等。那么效果如何呢？打开新闻下面的网友评论可以看出，网友并不十分认可这种区块链应用，认为其根本没有必要，画蛇添足。朋友们可能疑惑了，这不就是区块链的证照应用吗？目前也有不少公安机关在开展区块链应用，最好的场景也就是证照应用。为什么没有得到网友的认可呢？原因是这个 APP 没有用区块链技术解决主要矛盾。证照上链的目的到底是什么？难道是使用传统的中心化系统，不上链，就实现不了证照信息查询了吗？

在 9.3 节中提到，公安区块链真正的意义是解决以下问题：信任、成本、安全、便民、共享、协同。如果没有这些急迫的需求，就不要为了区块链而区块链。便民服务是公安工作的重要一环，也是窗口服务的集中体现。目前各地都在开展智能自助便民服务的创新，证照快办是核心内容。证照上链的主要目的：一是保证电子证照的真实有效性；二是实现政府跨部门证照信息共享；三是确保数据鲜活安全；四是保护个人隐私。归根结底，目的是方便百姓。让百姓不用带着任何证件跑、不用各个部门开证明。如何才能实现这样的便民服务呢？利用区块链技术的最多跑一次便民服务，可分两步设计实施。

（1）存证：区块链的一系列技术特点可以很好地解决证照信息的"存""证"难题。利用区块链对公民进行身份管理、证照存储，解决的是电子证照信息安全、准确的问题，即"存"的难题；当需要使用电子证照进行认证时，只需从区块链上对个人信息进行授权、核查、调用，即可方便地证明个人信息，若符合要求，当即回复是否成功办理。这就是"证"的难题。2018 年 2 月，广州仲裁委员会基于"仲裁链"出具了业内首个裁决书，这是"区块链+存证"的重要应用。上面的例子就是做了这第一步，服务了政府部门，公安有了电子证照的抓手。但想让百姓认可，关键是要服务百姓，让百姓尝到甜头。这就是区块链应用关键的第二步——共享。

（2）共享：利用区块链分布式的特点打通多个部门间的数据壁垒，实现信息和数据的跨链共享。在公共服务领域，区块链能够实现政务数据跨部门、跨区域共同维护和利用。也就是说，以前百姓办事需要各个部门跑手续、开证明的流程，将被跨部门的存证和共享自动解决。随着"区块链+政务"的落地，跨部门的业务协同办理将成为常态，以后，百姓再也不需要证明"我是我"了，也不需要携带多份文件、证件往返于各个部门了。这是为人民群众带来的好的政务服务体验。

现在我们回头看一下这样的应用，如果不使用区块链技术，能否实现呢？

不上链，那就是上云。云是指基础设施，链倾向于区块链应用，两者有区别，但也有联系。目前，我们大部分应用采用的是中心化存储、电子签名验证、数据中心共享的方式，这种方式是可以实现以上需求的，但存在一些无法逾越的问题。例如，每个部门都要独立维护自己的业务数据，进一步汇集上云，形成大数据共享。这个流程不具有公开透明、不可篡改与集体维护等特点，数据的合法性和安全性难以得到保证；共享存在延时、更新不及时，这些问题都制约着电子证照的跨部门使用。而区块链技术恰好可以解决这些难题。基于此，区块链可实现"一网通办"、最多跑一次，甚至一次都不跑。

在这方面有一个很简单却很便民的应用实例，国家住房和城乡建设部与中国建设银行联合进行了公积金的上链管理，全国491个城市的公积金等于491个节点连在一起。每个城市的每个人都可以异地便捷操作。该网络每天上链超过5000万条数据，是全国最大的区块链网络，为居民办理异地公积金贷款和个税抵扣等业务提供技术支撑。这有什么好处呢？随着经济社会的飞速发展，人们到不同的城市、省份工作成为常态。在没有公积金联盟链之前，公积金跨省调转非常麻烦。有了公积金联盟链之后，任何一个公积金中心，就相当于一个节点，都可以直接查询办理相关的公积金数据，省去了很多中间环节，提高了办事效率。就像上一个实例一样，如果不运用区块链，那么只能或者把数据全部集中在一起，或者各自分散难以共享。在搭建了公积金联盟链之后，不同城市采用同一套数据库机制进行数据传输，降低了共享成本。同时，监管等其他部门通过公积金联盟链也可以便捷地开展工作，真正实现便民服务。

# 10.3　经侦领域

## ■10.3.1　小额信贷监管

经济发展中的很多问题难以解决，很大程度上是因为缺少信任，交易成本高、违约风险大。比如说，中小企业融资难、融资贵，这里面一个重要的原因就是信任问题。区块链形成共识机制，能够解决信息不对称问题，真正实现从"信息互联网"到"信任互联网"的转变。打通信息流、资金流和物流，解决多级供应商的融资难问题。信贷是以信任为基石的，是区块链最好的应用场景，区块链为破解信贷监管难题提供了全新的解决方案。

例如，近几年让全国经侦头疼的 P2P 爆雷，就是因为现在的信贷是典型的中心化系统。P2P 是点对点的意思，所谓的网上金融实现了资金的点对点，但并没有实现信息的去中心化和透明化。嫌疑人利用信息不透明，进行资金错配，用别人的资金垫资收益，从而形成了巨大的监管漏洞。而区块链是公开透明的，智能合约把信息流、资金流和合约三合一。资金没办法被挪用、错配。简单地说，只需监管信贷上链，每个人就都可以看到自己的钱去了哪里、是否有风险，理论上就不会发生爆雷事件。

### ■ 10.3.2　反洗钱

2019 年年底，我在公安部二局评审"反洗钱研判系统"会上专门讲到利用区块链技术开展反洗钱工作的设想。在面对利用区块链开展反洗钱工作这个话题时，很多经侦的战友提出这样的问题："区块链到底是一个洗钱工具还是反洗钱的助手？"应该说，区块链确实是天生的洗钱工具，但通过区块链技术的创新应用，区块链反而可以助力我们开展反洗钱工作。这是由区块链的特性决定的。

以比特币为代表的虚拟货币已经成为洗钱犯罪的新通道，它的匿名性让我们头痛不已。Token 货币化也面临着被不法分子利用开展跨境洗钱的问题。

不法分子通过购买、分流、整合、转换 4 个步骤实现洗钱活动。首先使用法定货币（黑钱）购买加密货币，然后把加密货币在多个地址之间转移，用以洗净加密货币。随后将干净的加密货币整合并转到干净的地址上，最后将加密货币转换为商品或法定货币。

新冠疫情以来，比特币等虚拟货币洗钱、跨境电商洗钱等金融犯罪相继发生，诈骗活动及大量洗钱犯罪从线下向线上转移。我们的反洗钱工作主要面对两种场景：一种是由虚拟货币产生的洗钱行为；另一种是常规的洗钱行为。

针对虚拟货币洗钱，我们要做的是在技术上研发算法，追踪虚拟货币，对抗匿名。即便虚拟货币是匿名的，但我们可以追踪虚拟货币的交易地址，结合公安大数据和 KYC（客户身份识别），综合研判洗钱行为。

反洗钱（anti-money laundering, AML）的目标包括通过各种方式掩饰、隐瞒收益的犯罪行为，毒品犯罪、黑社会性质的组织犯罪、恐怖活动犯罪、走私犯罪、贪污贿赂犯罪、破坏金融管理秩序犯罪等收益是预防的重点。反洗钱是一系列旨在防止将非法收入转化为合法收入、维护市场经济秩序的政策和法律体系。

针对常规的洗钱行为，区块链技术的核心优势在于解决中心化数据库中数据不鲜活而带来的 KYC 痛点，实现 KYC 的去中心化共享，降低 KYC 成本，提高 KYC 效率。从而实现任何一家金融机构都能实时了解 KYC 信息，从事后监管转向即时监管，大大增加了洗钱的难度。客户身份识别、可疑交易分析与报告、客户身份资料和交易记录保存制度被称为反洗钱三大基本制度。区块链技术能获取最新的 KYC 和 CDD（客户尽职调查），降低反洗钱的成本，可极大地减少金融犯罪和违规行为。

# 10.4 物 联 专 网

## ■ 10.4.1 警用物联专网

公安视频专网是一种单一的物联网，终端以各种型号的摄像头为主。随着智慧公安的不断推进，无人警局、自助办证机、警用机器人、无人机、无人车等各种终端将越来越多，可见光摄像头、红外线摄像头、RFID（射频识别）、麦克风、音响、速度、重力、压力、振动、位置、温度等各种传感器将更多地应用于公安信息化，不断升级完善自动采集、互联互通的物联网功能。在不远的将来，全国公安视频专网必将华丽升级，承担起警用物联专网的职责。

物联网（Internet of things）发展至今，遇到了很大的瓶颈。一是受物联网终端设备的限制，各种传感器采集的海量数据必须传输回中心服务器，由此带来巨大的数据传输压力、数据存储压力和数据计算的难题。二是物联网中心服务器价格昂贵，机房环境标准高，前端分散导致电费、网费等成本过高的难题。5G 移动网络的整体能耗是 4G 设备的 9 倍以上。高昂的电费给运营商带来极大的压力以至于提出在夜间休眠 5G 基站的方案。这也是 LPWAN（low-power wide-area network，低功率广域网络）仍是物联网首选接入方式的主要原因。三是物联网终端设备部署在外，缺少传统机房内的物理屏障和防火墙的保护，传统安全防护技术难以保障系统安全。数据隐私和网络安全的压力随规模扩大而倍增。

这些瓶颈必将制约警用物联专网的发展。即使是目前的公安视频专网，也存在以上隐患。在评审多地平安城市、雪亮工程等建设项目时，数据存储、电网线路、技术架构、系统安全、前端预算等都是重要的审核内容。事实上，目前公安视频专网大量的视频影像在采集、传输、存储了 30～60 天后，受制于存储空间只能删除。这些影像有的进行了结构化处理，有些没有任何操作留存。在这个过程中，大量的投资做了无用功；由于所有计算都要由中心服务器执行，计算量太大，无数公司宣称的智能视频影像大数据分析都不可能做到实时目标提取、比对、分析、预警等智慧化的功能；由于公安工作的特殊性，公安视频专网在铺设路线时能获得其他企业无法企及的便利条件，但网络租用或自建、电费、中心机房等价格仍十分昂贵。目前，也难以使用无线传输；几百万前端设备几近于裸奔。由于视频专网相对封闭，在一定程度上掩盖了前端暴露的安全隐患。一旦遭遇有组织的黑客攻击，将带来无可估量的损失。公安视频专网和警用物联专网承担着公安工作和社会治理工作中的重任，如何才能解决这些制约瓶颈呢？

区块链技术与物联网似乎是天生的一对。物联网技术和区块链技术几乎是同时期的技术创新，但两者直到最近才"缔结姻缘"。一方面，随着传感器的倍增，物联网存在的问题逐步显露；另一方面，区块链技术在近两年崭露头角，逐步成为研究热点。针对以上三个问题，区块链技术结合 IMABCDE（详见 8.5 节）都有相应的解决方案。

## ■10.4.2　边缘计算

公安大数据[①]是指需要先进处理模式进行采集、治理和应用的，基于泛在网络并以人为核心的全部实体及时空关系的信息资产。这个概念清晰地指出了公安大数据与传统数据集合的区别，体现了公安大数据动态性（velocity）、泛在性（ubiquitous network）、全类型（variety）和全关系（knowledge mapping）的特性。随着公安信息化的不断推进，我们所面临的大数据中将有 90% 以上是非结构化数据，这些数据主要来自公安视频专网和警用物联专网。由于公安工作与时间、空间息息相关，如何使用非结构化数据和时空大数据开展数据挖掘和研判，才是我们目前应该去解决的问题。

但传统的物联网采用中心化架构体系，所有数据必须回传至中心服务器进行存储、计算。随着建设应用的不断推进，公安物联专网的边缘及终端设备数量将会海量增长，中心服务器或集群在传输、存储、计算方面的压力极大，难以有效使用数据开展深度挖掘，难以实现多端协同，采购和维护成本极高。显然中心化系统模式已无法满足智慧警务的需求。

---

① 徐志刚. 公安大数据建设应用的思考——以禁毒为例 [J]. 警学研究，2019（3）：5-11.

区块链采用去中心化的架构，直接规避中心架构的弊端，结合边缘计算，可以极大地减轻中心服务器计算的压力，使实时计算、分析、挖掘成为可能。因此，区块链技术将打破物联网组织结构的围墙，为物联网发展创新提供更多的可能和想象的空间。

边缘计算属于一种分布式计算，在网络边缘侧的智能网关上就近处理采集到的数据，而不需要将大量数据上传到远端的中心服务器。边缘计算+区块链+物联网，可以充分利用节点本身的计算能力，就近完成物联网设备计算存储的需求。这无疑将大大提升处理效率，减轻云端的负荷。

随着物联网的发展，目前部署在数据中心、云服务器上的存储、计算、网络等硬件设备将不可避免地走出中心机房，随终端设备分散部署在边缘或前端上。以此降低中心成本，提高系统的可用性。采用边缘计算可以降低传感器和云之间所需的网络带宽，在边缘设备上就近存储和处理数据。系统可以上传经边缘计算后的有效信息而不是原始数据，极大地降低了成本，可有效保障数据的安全性和隐私性。

## ■ 10.4.3　系统架构

未来的公安物联专网将是以去中心化为主，以多中心化为辅，全节点和轻节点相伴的点对点网络。在这样的网络架构中，区块链技术和边缘计算技术得以应用，将有效解决物联网的瓶颈问题。目前，公安视频专网的前端节点广泛布设智能或半智能摄像头，投资大、功能弱。事实上，现在的视频节点经过升级可以实现基于区块链的边缘计算，通过去中心化的区块链技术，实现任意规模、任意类型的物联网设备接入，从而打破数据壁垒，解决数据安全、建设成本、数据传输、海量运算等一系列问题，实现复杂实战场景的数据交付。

基于区块链边缘计算的物联网是实现警用物联专网的最优解决方案。系统架构清晰，升级难度小，投入费用相较现行雪亮工程的方案没有明显增加。但可实现数据来源真实可靠，前端设备安全可信，边缘计算快速便捷，终端种类无限扩展，数据价值深度挖掘。其系统架构如图 10.1 所示。

系统架构主要由设备层、边缘层、共识层、网络层和应用层 5 层组成。

（1）设备层：主要是接入物联网的各种终端设备，是数据的主要来源，也是交互的执行端。

（2）边缘层：进行边缘计算，实现边缘数据清洗、边缘数据存储、边缘数据计算、边缘节点通知、边缘设备响应等功能。

（3）共识层：首先验证物联设备上传数据的安全性和有效性，并评估上传数据的价值度；然后使用去中心文件系统 IPFS（inter planetary file system）

进行存储，去中心处理平台 BigChainDB 是去中心文件系统 IPFS 的补充；在此基础上，进入由区块链技术和智能合约搭建的区块链层。

（4）网络层：负责整个系统的有线网络通信或无线网络通信。

（5）应用层：提供"区块链+物联网"的开放 DAPP 开发接口，用户可编程实现自定义功能，更好地实现公安大数据的深度挖掘、预警研判等功能。

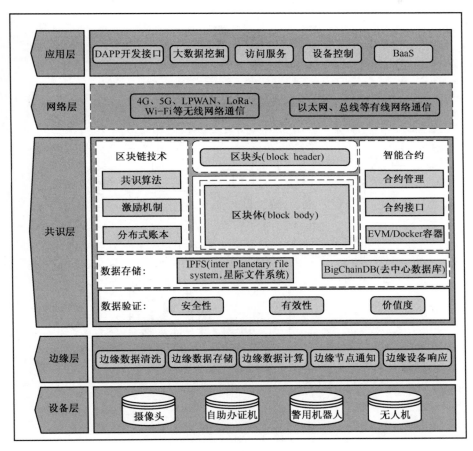

图 10.1　基于区块链边缘计算的物联网系统架构

## ■ 10.4.4　数据存储

区块链技术与物联网的结合也面临着数据重复存储、海量冗余、计算性能、服务托管等问题。结合边缘计算，虽然可以解决计算性能的问题，但越来越多的前端设备和边缘设备的服务托管成为摆在我们面前的一个新问题。另外，区块链的原理是每个节点复制一套完整的数据，对数据存储提出了严厉的拷问。针对物联网前端设备多、节点多的特性，警用物联专网应采用数字指纹（详见 9.7.2 小节）的方式，并结合全节点和轻节点相伴的多中心化网络架构，减少数据存储量。通过分片的机制，提升数据存储的安全性和效率。根据公安视频专网和物联网实战特性，数据存储结构如图 10.2 所示。

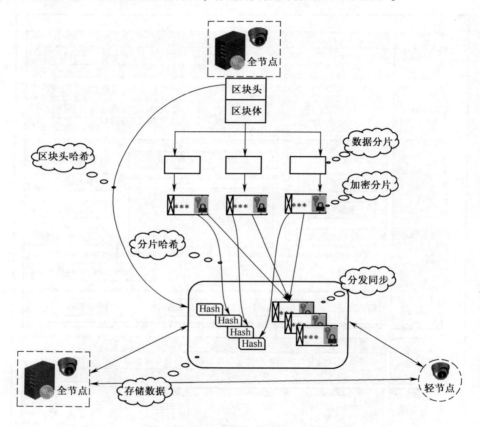

图 10.2 数据存储结构

基于区块链技术的物联网数据存储，通过数据分片、加密分片、分片哈希、区块头哈希、分发同步 5 个步骤实现。

（1）数据分片（sharding）：利用分片技术（详见 5.6.10 小节）把需要存储的数据根据数据类型分成若干小块。

（2）加密分片：对数据进行加密，从前端开始确保数据安全。

（3）分片哈希：对加密后的分片数据进行哈希加密，用以确保数据不会被篡改。

（4）区块头哈希：对区块头进行哈希加密。在区块头中记录所有发生的事务和相关详细信息，包括分片内容、分片哈希、分片位置等，以便将事务链接到存储的分片上。

（5）分发同步：根据设定的共识机制对节点数据进行验证。根据全节点或轻节点的性质选择性分发全量数据或哈希数据，实现全网同步。

以上是对基于区块链技术的物联网数据存储的概念化总结。在开展具体的系统建设时，要结合终端设备、数据类型、存储设备等实际情况进行详细设计。

## ■10.4.5　价值物联网

区块链技术将会和物联网取长补短，搭配边缘计算，智慧警务物联将体现更大的协同价值，刺激物联网实现变革，区块链+物联网=价值物联网。

总体而言，区块链通过创造信任来创造价值。区块链第一次使得人类的信任可以基于人类自己发明的逻辑和数学。这是人类理性的胜利，也大大提高了人类合作的能力。

随着区块链与金融资本、实体经济的深度融合，传统产业的价值将在数字世界流转，将构建区块链产业生态，推动产业变革升级。要抓住区块链技术融合、功能拓展、产业细分的契机，发挥区块链在促进数据共享、优化业务流程、降低运营成本、提升协同效率、建设可信体系等方面的作用。随着"区块链+"在公安应用场景落地，区块链与物联网融合的信息化生态将逐步建立，为智慧公安的建设注入新动能。

# 10.5　网 络 安 全

网络安全将从区块链技术中受益颇多，未来的收益空间更大。以视频专网为例，区块链的技术特点能保证每个前端设备连在一起，任何私加终端、黑客攻击、非法读取、数据篡改等行为都将被及时发现并制止。通过减少人为因素，区块链可以显著降低人为错误的风险，防止任何类型的数据泄露、身份盗窃、网络攻击。因此，数据得以保持私密性和安全性。

有的朋友可能会说，现在的雪亮工程等都有很全面的安全防护措施，从网闸到防火墙，各种软硬件一应俱全，为什么说视频专网并不安全呢？我们采购的品牌方案中，厂家生产的产品类似于 Windows 系统，Windows 系统的安全防护做得非常好，并自带防火墙。但事实上，Windows 系统因为它的标准化，每天都在经历着各种攻击，呈现出各种漏洞。现在遍布全国的视频系统也经历着相同的风险。如果发生攻击，标准化的防御体系将不堪一击。其主要表现在以下方面。

（1）在设备安全方面，缺乏设备与设备之间相互信任的机制，所有的设备都需要和专网中心的数据进行核对，一旦数据库崩塌，会对整个专网造成巨大破坏。中心化的系统缺乏对恶意设备的识别和防范能力。前端的劫持、修改时间等都很难被发现。

（2）在个人隐私方面，中心化的管理架构无法自证清白，个人隐私数据被泄露的事件时有发生。

（3）在扩展能力方面，目前的专网数据流都汇总到单一的中心控制系统，未来前端设备呈几何级数增长，中心化服务成本难以负担。

（4）在通信协作方面，多家视频平台各自为政，缺少统一的技术标准，跨品牌设备彼此之间通信受阻，产生多个竞争性的标准和平台。

（5）在网间协作方面，很多视频专网都是运营商、企业内部的自组织网络。涉及跨多个运营商、多个对等主体的协作时，建立信用的成本过高。

利用区块链技术可以有效地解决视频专网面临的以上问题。

（1）区块链的时间戳可确认真实时间，且不可修改，避免人为修改前端设备的时间。任何前端劫持将不被认可。利用闲置存储、分片存储、分散存储等技术，在不增加存储的条件下，实现视频专网真正的安全。

（2）区块链可以支持任何类型的数字化信息。这就是为什么它可以应用于大数据领域，尤其是提高数据的安全性或质量。

（3）利用区块链技术，可以使用加密技术和安全算法来保护数字身份，数字身份在上链之前需要通过科信部门的认证与信用背书，颁发密码凭证 Token 给用户。上链之后，基于区块链的数字身份认证系统可以保障数字身份的真实性，并提供可信的认证服务，从而构建更加安全便捷的数字身份认证系统。

区块链凭借不可篡改、共识机制和去中心化等特性，对视频专网将产生重要的影响，概括如下。

（1）降低成本：区块链去中心化的特质将降低中心化架构的高额运维成本，视频专网的建设运营成本将大幅降低。另外，减少中央耗电，减少额外的设备冷却，将更加环保。

（2）更加稳定：区块链中数据的存储方式采用分布式存储，如果发生中心服务器滞后，终端设备也会正常运行，系统更加稳定。

（3）隐私保护：区块链中所有传输的数据都经过加密处理，用户的数据和隐私将更加安全。

（4）系统安全：区块链通过哈希链及共识算法提供了数据永久保存和防篡改特性，可以有效地解决视频专网的各类安全问题。系统的任何操作会被其他节点验证，一致则达成共识，否则将被拒绝。身份权限管理和多方共识有助于识别非法节点，及时阻止恶意节点的接入和作恶。

（5）追本溯源：数据只要写入区块链就难以篡改，依托链式的结构有助于构建可证可溯的电子证据存证。

（6）网间协作：区块链的分布式架构和主体对等的特点有助于以低成本建立互信，促进网间协作。

物联网系统将各种设备和大量数据暴露在安全漏洞之下。而区块链具有强大的潜力，可以阻止黑客入侵，从视频网络安全、公安系统建设到智慧城市等多个领域提供安全保障。

# 10.6　案　件　协　作

我们都知道，跨地、跨部门、跨警种的协作，在禁毒、刑侦、经侦、情报等部门经常遇到。如何让民警放心安全地开展案件协作一直是一个难题。

区块链的协同思维是解决这个难题的一剂良方。通过智能合约，能够实现多个主体之间的协作信任，从而大大拓展了民警相互合作的范围和深度。各方都可以同时协作管理，保证所有信息实时共享，从而提高协同效率、降低沟通成本，使得各个离散主体仍能有效合作。智能合约还能有效解决论功行赏的问题，打消办案民警的顾虑。

## ■ 10.6.1　情报协同

情报协同是案件协作过程的重要一环，当前各警种普遍存在情报线索分享不足、各方参与贡献界定不明、研判成果归属不公等问题，极大地影响了参与案件各基层民警的工作热情。

协同的关键问题在于建立起互联互通的信任环境。以往的技术，如 CA（数字证书颁发机构）证书、TLS（安全传输层协议）、HTTPS（超文本传输安全协议）等从交互通道这一维度来保证协同各方的数据安全交互，但无法解决数据过程的可追溯、可认责的问题。区块链技术为跨部门、跨级别的数据互联互通提供安全且可信任的环境。基于联盟链的授权机制，可支持各部门对访问节点和访问数据进行独立授权，同时，把节点访问数据的过程行为进行记录，全程可回溯，能够大幅降低各地共享线索的安全风险，并提高工作的效率。

协同的效能问题在于跨要素的多端智能协同。基于传统的多端协同，通常基于数据总线技术，其内部交互的机制为服务接口的集成，访问方和共享方需要约定接口形式，在总线完成信息交互。基于总线机制，存在总线"单点"问题，总线的可用性通常很难保证，总线的实施和维护成本较高。利用区块链可构建出类比传统数据总线的链上数据交互总线，跨地域、跨终端甚至跨警种组成联盟链体系，通过数字指纹上链技术实现智能协同。

在系统设计中，首要的功能需求就是设计出系统的共识机制、挖矿机制、宪法合约、激励机制、Token 价值体系、交易流程和数据安全机制，在此基础上，列出要系统实现的大的功能模块，并做好相应的规范。

（1）主链体系命名规范：定义包括主链体系中的链、节点、账本、智能合约的命名规范。

（2）区块编码规范：定义区块内部核心元素的编码规则。

（3）跨链协议规范：定义包括主链访问协议和应用间调用跨链互访协议。

（4）数据编码规范：定义包括数据上链规范、行为记录上链规范。

（5）业务流程规范：定义包括数据确权存证、智能合约部署、业务行为监管、共享绩效量化评估、技战法模型分享等业务流程规范。

在此基础上，设计基于贡献度的智能合约，通过区块链底层技术支撑，打通跨地域、跨层级、跨终端、跨部门的数据孤岛，实现情报协同智力成果信息的永久存储、不可篡改、可信共享。

## ■ 10.6.2 战果分配

公安工作有一句话，考核就是指挥棒。民警跟着指挥棒走，战果分配是否科学合理，决定着民警的能动性和公安工作的效率。案件协作的过程中，最让人担心的就是付出被人据为己有、案件结果与己无关。解决这一问题的根源在于利益的冲突问题，即在案件协作后，如何能够公平认定线索的来源、重要性和有效性；在案件侦破后，如何能客观肯定付出的有效性、贡献度。

利益的冲突问题，其关键问题在于解决内部的模式，即由"分享经济"转变为"共享经济"，让真正的付出者都有"蛋糕"吃，能够共享"蛋糕"，而不用担心无偿付出。这里的难点包括案件的有效回溯、有效性认定、贡献度量化和合理的奖励形式。这四点难点恰恰是区块链技术可以带来的四点作用。

按照统一数据标准、统一共享接口的要求，通过将参与人员、情报要素、算法模型、研判侦查、外线抓捕等全流程上链，整合治理分散的数据资源，建成以情报协同和案件侦破为抓手的认证和共享机制，建立贡献度共识机制 PoD（proof of devotion）模型，支持将所有附件资料哈希值上链存储，支持哈希值与原始文件的一致性验证，有效防止了资料被篡改，解决了案件的有效回溯、有效性认定和贡献度量化的难题。

基于区块链的 Token 技术，可实现信息共享的价值流通。借助于 Token 的体系和智能合约，对作出贡献的民警的贡献量进行自动"结算"，给予相应的奖励，使平台用户与平台共同享受价值创造带来的"收入"。模式的改变能够促进内部形成有生命力的团队，打破团队内人员的不平衡、打破协同内部沟通机制的瓶颈。基于区块链的 Token 体系和智能合约技术，让协同的成本降低、效率提高；让各单位、各专项组之间打破信任障碍、壁垒；破除中心化控制，实现共享、互惠互利的内部生态。逐步实现情报协同从数据共享到智力共享的跃迁，推动智力资源从信息共享向价值共享的变迁。

区块链多中心化为数据共享、共治提供了广泛的信任基础；区块链高安全、高可靠性、数据不可篡改、不可伪造的特性使得数据价值得到保护和认证；数据确权、数据行为可追溯保障数据提供者权益，并提供数据的不可抵赖性；智能合约技术可以有效促进研判业务流程规范化、智能化和自动化。如此，我们不仅实现了案件协作过程全程可视、全程留痕、全程监督、全程共享，实现了战果的公平分配，更实现了价值的倍增，进而实现公安工作科学考核、自动考核、公平考核。

# 10.7　抗　疫　防　疫

2020 年这场世界疫情改变了人类的历史进程。疫情伊始，武汉充满了未知和恐慌。那段时间，似乎一切都乱了。病人住不了院、捐赠到不了位、密接无法溯源、谣言难以辨别……

在这次疫情的防控上，大数据起到了至关重要的作用。如果能按党中央的指示，更早一些全面应用区块链的技术，将会带来更多的透明和秩序。区块链具有分布式、难篡改、可溯源等特点。在疫情期间，显而易见，慈善捐赠、信息溯源、物资追踪与分配、疫情监测、医疗数据、社保报销等信息均可上链，这样能很好地解决慈善捐赠信息的透明性问题，优化医疗物资的分配与追溯，降低造谣传播的追查成本，提高新闻消息的管控效率，也能解决医疗信息不对称的问题，并能助力社保等民生项目的公开透明。

在这场抗击疫情的行动中，区块链并不是没有用，它只是迟到了。

## ■ 10.7.1 万码奔腾

此次疫情给百姓生活带来的改变之一就是健康码，出门买菜需要扫码、飞机高铁需要扫码、住宿吃饭需要扫码……离开健康码寸步难行。但在简单的扫码过程中，一个人的时间、位置、行为、通行、手机号等信息都被记录，这些都是个人的隐私数据，而且极为鲜活准确。在以往是不可能收集到这些数据的。根据这些数据，任何人的画像将被大数据深度刻画，从而让任何人毫无隐私。

由此，健康码的无限度应用，就像扫脸被无限制应用一样，带来了一系列问题。这些问题的出现，归根结底是因为目前大部分健康码采用传统的中心化架构进行设计。中心数据库存储了这些敏感信息后，主管部门随意使用。但不同系统之间的数据却难以共享。从百姓的角度讲，并不关心用的是什么技术，关心的是应用起来是否方便，个人隐私是否得到保护。

引入区块链后，所有数据自动加密上链，个人数据只有本人事前授权方可使用，同时被使用后可进行事后通知。任何部门只能对比关联，但不能滥用数据。数据有效更新共享，隐私得到保护，可以有效地解决以上问题。

## ■ 10.7.2 打击谣言

谣言是指没有相应事实基础，却被捏造出来并通过一定手段推动传播的言论。"谣言"是生活用语，法律用语应为"虚假信息"。谣言是可恨的，但是谣言在被中央权威媒体辟谣之前，传播信息的人可能是无辜的。因为普通百姓没有能力去辨别一个信息的真假，甚至有一些谣言就是出自新闻网站。

有人在论文中设计了具有法律效力的智能合约；有人设计用投票的方式解决信息的真假；有的人设计 Token 预测……看得出来，很多人都在探索和尝试利用区块链技术解决谣言问题。

区块链技术能彻底消灭谣言吗？并不能。因为真理往往掌握在少数人手中，去中心化反而得不到事情的真相。但使用区块链技术可以很好地澄清谣言、打击谣言。方法是基于区块链技术设计一个类似于保全网（详见 10.1.3 小节）的公共、开放、透明的存证平台，这个平台可以由中国互联网联合辟谣平台来完成，用于保存新闻、热门事件、热评等信息的内容、截屏、服务器信息、时间戳等数据，哈希加密上链。

这样的设计可提供以下几方面的功能：一是区块链技术特性保证上链信息的不可篡改、不可抵赖，可便捷地提供传播谣言的证据；二是信息的可追溯性可轻松倒查谣言的始作俑者；三是平台提供验证服务，为百姓提供识别谣言的可信渠道；四是个人的作品或言论都可上链存证，有利于保护自己的版权，防止自己的言论被别人篡改形成谣言。从而大大降低了打击谣言的成本，提高了网友辨识能力，提升了新闻管控效率。

### ■ 10.7.3　物资调配

疫情在湖北刚刚严重的时候，全国各地捐赠的大量物资带着同胞的爱心拥入湖北，堆积在红十字会无法下发。这让一直加班苦战的红十字会一度陷入舆论风波。并非红十字会不想快速下拨物资，而是太多的文件需要填写，太多的物资要逐一登记、归类、分发。在网站上查询国内捐赠物资需提供以下证明。

1. 生产企业

（1）经营许可证、机构代码证等企业资质证明。

（2）产品质量证明。

（3）价格核定证明。

以上资料复印件加盖公章即可。

（4）物资捐赠函。

2. 自行购买的或经销商

（1）提供购买的正规发票。

（2）物资捐赠函。

1）经销商要提供自己的相关资质。

2）提供购买时的价格核定（发票）证明。

以上资料除物资捐赠函外其他均为复印件加盖公章。

3. 准备材料

（1）捐赠物资分配使用清单。

（2）捐赠物资进口证明。

（3）捐赠物资清单。

看到如此复杂的表格，不知道有多少捐赠的热情会被熄灭。红十字会需要整理的材料比这些还要多。在疫情的特殊时期，如此烦琐的手续极不适应战时需求。用传统工作方式应对防疫一线的物资调度，没有落实党中央探索"区块链+"在民生领域的运用的明确要求，没有做好推动区块链技术在社会救助等领域的应用，自然无法为人民群众提供更加智能、更加便捷、更加优质的公共服务。

党中央高瞻远瞩，在疫情之前已经为抗疫防疫提出了明确的技术解决方案。区块链上的数据安全可靠、不可篡改且公开透明，天生适合应用在公益捐赠的场景，接受人民的监督；区块链所有数据可溯源，捐赠物资的来源流向自动生成，免去繁杂的手续，效率得到极大的提升；所有需求和物资同步调配，解决物资储备不足和信息不对称的问题。口罩、防护服、药品等紧缺物资的调配将得到最优化的解决方案。

在此基础上，"区块链+大数据+人工智能"将最大限度地分析数据，挖掘预测产品需求，科学指导药品等物资的生产，智能进行物资调配。

除了以上的应用案例，区块链技术在疫情防控的工作中还将起到越来越多的重要作用。例如，困扰我们的密切接触者溯源的问题、疫情追踪与防控、患者病历管理等。试想，如果有一天，医院床位等医疗资源也实现上链，对患者公开透明，将减少多少社会矛盾。疫情新形势大大推动了各种新技术在实战中的应用水平，进而迫使我们逐步摒弃传统单一的管理理念，推动社会治理体系的科学发展，大幅提升社会治理能力现代化水平。病毒也许不会消失，但借助区块链等一系列技术，病毒将得到更加快速、有效的控制。

# 致　　谢

　　这本书，始于抗疫，终于抗疫。因为在这次史无前例的抗疫斗争中，每一名公安干警都付出了巨大的努力，为全国实现抗疫重大战果默默地奉献。抗疫，是医疗工作，是社会治理工作，更是公安工作。抗疫中的每个细节，都与我们息息相关。在此，对战斗在一线的全国公安民警致以最崇高的敬意！

　　中央对区块链技术作出重要指示后，我在一个月内完成了本书的初稿。但疫情的出现，一直让我深思，为什么区块链没有更早、更深、更全面地应用于民生各领域。疫情过后，我重写了这本书，希望借此书给全国公安民警以启迪，深入学习掌握公安区块链思维。感谢出版社给予我足够的时间修改。

　　感谢湖北省公安厅喻春祥党委副书记、常务副厅长和余平辉副厅长，两位专家对公安区块链实战案例作了详细的指导。

　　感谢徐一瑞同学负责全书校稿工作，辛苦而细致。

　　感谢读者能阅读至此。您若有所获，我便有所得。

　　祝福我们的祖国永远繁荣昌盛！祝福全国人民永远幸福安康！

徐志刚

2020 年 9 月